基于大数据的四川省滑坡治理动态推荐研究，项目编号：2020YFSY0041

滑坡地质灾害风险性
评价与治理措施

HUAPO DIZHI ZAIHAI
FENGXIANXING
PINGJIA YU ZHILI CUOSHI

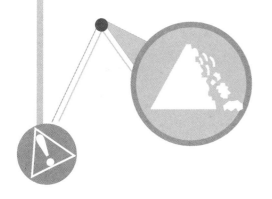

郑泽忠　何　勇　刘　强　贺占勇
蒋　玲　戴雷禹　李慕杰　王　超　编著

西南财经大学出版社
中国·成都

图书在版编目(CIP)数据

滑坡地质灾害风险性评价与治理措施/郑泽忠等编著.—成都:西南财经
大学出版社,2022.4
ISBN 978-7-5504-5265-7

Ⅰ.①滑… Ⅱ.①郑… Ⅲ.①滑坡—地质灾害—风险评价②滑坡—地质
灾害—灾害防治 Ⅳ.①P642.22

中国版本图书馆 CIP 数据核字(2022)第 015767 号

滑坡地质灾害风险性评价与治理措施

郑泽忠 何 勇 刘 强 贺占勇
蒋 玲 戴雷禹 李慕杰 王 超 编著

策划编辑:高小田
责任编辑:高小田
责任校对:雷静
封面设计:墨创文化
责任印制:朱曼丽

出版发行	西南财经大学出版社(四川省成都市光华村街 55 号)
网 址	http://cbs.swufe.edu.cn
电子邮件	bookcj@ swufe.edu.cn
邮政编码	610074
电 话	028-87353785
照 排	四川胜翔数码印务设计有限公司
印 刷	四川煤田地质制图印刷厂
成品尺寸	170mm×240mm
印 张	16.5
字 数	307 千字
版 次	2022 年 4 月第 1 版
印 次	2022 年 4 月第 1 次印刷
书 号	ISBN 978-7-5504-5265-7
定 价	98.00 元

前言

地质灾害种类繁多，主要有滑坡、崩塌、泥石流、岩溶塌陷等。滑坡、崩塌主要发生在中山、高山地区；泥石流主要分布在地质构造复杂、断裂发育、岩石破碎风化严重的地区和暴雨中心地区，以及深切割的高山、中山地区；岩溶塌陷主要分布在岩溶发育地区。地质灾害防治对策包括：开展相关地质灾害调查，制定地质灾害防治规划；建立地质灾害空间数据库，开展地质灾害的监测与预警。在众多的滑坡、崩塌、泥石流、岩溶塌陷等地质灾害中，尤以滑坡灾害占比最高（60%以上），造成的人员伤亡最多，经济损失最大。中国西南地区多个地市（州）频频遭受滑坡、崩塌、泥石流的严重侵扰。随着近年来西部大开发建设和城镇化进程的加快，滑坡、崩塌灾害明显增多，危害也更大。本书主要以四川省为例进行滑坡稳定性评价和滑坡治理措施推荐的相关理论与技术介绍。

四川省地势西高东低、高差悬殊，海拔最高与最低处相差 7 000 米以上，境内有 1 419 条大小河流纵横，地面切割强烈。受大地构造和水文气象条件影响，四川省境内地震活动频繁，构造断层发育，坡度陡峻，岩层破碎，汛期集中。这种自然环境，加上人为的工程建设等活动，造成全省滑坡、泥石流、崩塌等地质灾害异常活跃，近年来汛期发生的地质灾害数以万计。这些灾害常常具有数量多、成灾快、伤亡大的特点。四川省有约 50%的城镇受到滑坡、泥石流的威胁和危害。因此，开展滑坡危险性评价对于降低滑坡灾害带来的损失来说有着重要意义，开展滑坡治理措施推荐研究可以为滑坡治理工作提供重要的决策支持和科学依据。

随着计算机、大数据、机器学习等新技术的发展，我国的滑坡地质灾害风险评价与治理正由传统的方法向以大数据与机器学习为代表的人工智能方向转变。本书在总结我国近几十年来的滑坡地质灾害风险评价与治理经验的基础上，系统地介绍了大数据和机器学习方法在滑坡地质灾害风险评价与治理中的最新应用。本书的出版可以为我国地质灾害治理工作者提供新的地质灾害风险评价与治理思路。此外，本书对从事地质灾害治理行业的管理人员及技术人员也有一定的指导意义。

机器学习是人工智能研究中最早的一个课题，同时也是人工智能中最具有智能特征和最前沿的一个研究课题。机器学习已经在自然语言理解、图像处理、模式识别、机器视觉、目标检测等领域得到广泛应用。随着计算机新技术的发展，各行各业对相关行业的决策提出了更高的要求。20世纪80年代人们在决策支持系统中引入了人工智能技术，从而形成了智能决策支持系统。机器学习是以信息技术为手段，应用计算机科学、数理统计、图像处理、机器学习、模式识别等相关理论，针对半结构化和非结构化的数据，帮助技术人员和管理人员进行智能决策的支持系统。大量的科研实践表明，只有当决策支持系统具有丰富的知识和较强的学习能力时，该决策支持系统才能提供有效的决策支持。

研究一种基于机器学习的滑坡稳定性评价和滑坡治理措施推荐智能决策支持系统，提高该系统的学习能力，对于改善滑坡稳定性评价、滑坡治理措施推荐的智能化水平，提高滑坡稳定性评价、滑坡治理措施推荐智能应用效果，具有重要的理论意义和较高的实际价值。

本书编著者大都长期从事滑坡地质灾害治理、滑坡地质灾害监测、图像处理、人工智能、机器学习、模式识别等理论以及相关应用的研究，先后完成了国家自然科学基金课题、四川省科技计划项目（省院省校合作项目）课题、四川省自然资源厅科技计划课题以及事业单位和企业委托的科研课题。

本书是编著者对多年相关研究领域成果的总结。本书总结了滑坡稳定性评价、滑坡治理措施推荐的相关理论，充分利用了人工智能、图像处理、机器学习、模式识别、决策理论等前沿技术。全书共分八章，第 1 章介绍了滑坡稳定性评价和滑坡治理措施推荐的国内外研究进展；第 2 章和第 3 章介绍了常见滑坡治理研究方法和滑坡成因、分类及分布规律；第 4 章着重介绍了滑坡稳定性评价的相关理论；第 5 章和第 6 章介绍了滑坡治理工程定性推荐模型研究以及滑坡治理工程定量推荐模型的相关理论；第 7 章着重介绍了滑坡降雨临界阈值的相关理论；第 8 章介绍了四川省滑坡地质灾害监测预警系统。

本书由电子科技大学郑泽忠副教授、四川省国土空间生态修复与地质灾害防治研究院何勇教授级高级工程师等组织编写。各章的编写安排如下：郑泽忠、何勇、贺占勇、刘强、李慕杰、刘兴隆参与编写第 1 章；何勇、贺占勇、李慕杰、韩志轩、蒋玲、刘兴隆参与编写第 2 章；郑泽忠、何勇、贺占勇、蒋玲参与编写第 3 章；郑泽忠、贺占勇、刘强、王超、张凯参与编写第 4 章；郑泽忠、贺占勇、刘强、戴雷禹、张凯参与编写第 5 章；郑泽忠、刘强、戴雷禹、张凯参与编写第 6 章；郑泽忠、何勇、贺占勇、刘强、王娜、何静、张凯参与编写第 7 章；郑泽忠、刘强、贺占勇、戴雷禹、毛宇坤、何静、刘乾坤、张凯参与编写第 8 章。郑泽忠副教授和何勇教授级高级工程师负责全书的策划，郑泽忠副教授负责全书的总纂和修改定稿。

本书的完成得益于许多人的指导和帮助。衷心感谢四川省自然资源厅、四川省国土空间生态修复与地质灾害防治研究院、电子科技大学资源与环境学院相关领导在本书编著过程中给予的关心与帮助。硕士研究生戴雷禹、李慕杰、韩志轩、王超、王娜、毛宇坤、何静、刘乾坤、张凯和本科生刘兴隆、谷鑫斌、付饶负责本书的部分校对，付出了辛勤的劳动，在此表示衷心感谢。本书在撰写过程中参考、借鉴了大量国内外同行的研究成果及文献，谨在此表示崇高的敬意与真诚的感谢。

由于编著者学术视野、专业水平和研究深度有限，书中难免出现错误或不严谨之处，敬请专家同行以及广大读者批评指正。

编著者
2022 年 4 月 18 日

目录

1 绪论

1.1 研究背景与研究意义

在所有的地质灾害中，滑坡是一种主要类型。在国家自然资源部地质灾害技术指导中心公开的年度报告中，2020 年全国一共发生了 7 840 起地质灾害，其中滑坡 4 810 起，占到了地质灾害的 60% 以上。滑坡在全国各地都有广泛的分布，给人们带来了严重的损失，因此滑坡灾害一直是地质灾害研究工作的热点。目前，国内外针对滑坡治理有很多研究成果，但是研究方向主要还是集中在单个滑坡的治理研究方面。滑坡的治理研究是在分析滑坡的稳定性的基础上，综合考虑地震、降雨、房屋、道路、滑坡规模、影响范围以及滑坡范围内受到滑坡威胁的人数等因素，对滑坡进行稳定性评价并进一步采取治理措施的研究。对滑坡的治理研究可以掌握滑坡灾害的分布、发育情况、滑坡灾害的发生规律，可以为治理措施方案制订以及资源合理分配提供理论支撑及数据支撑。这对于合理治理滑坡灾害，以及减小滑坡二次灾害造成的损失有着重要意义，因而开展滑坡治理研究非常必要。

本书旨在探索将大数据与机器学习等技术应用于滑坡治理工作的方法，填补地质灾害治理大数据应用的空白，为未来的滑坡治理工程设计与管理提供治理措施类型、数量等方案建议的智能化软件平台服务，以提高治理质量及效益。应用本研究成果，一方面，在隐患或灾害发生时，可以对地质灾害稳定性与防治措施进行快速计算与应急设计，为地质灾害发生初期治理工程的治理措施定性选择与定量评估提供初步方案；另一方面，在地质灾害治理工程可行性研究与设计阶段以及实施阶段，也可利用大数据分析成果，对可行性研究与设计方案进行动态评价与修正，以提高可行性研究与设计质量，为领导实施决策提供依据。

1.2 国内外相关研究现状和发展态势

基于大数据的四川省滑坡治理方法动态推荐研究的目的是探索将大数据与机器学习等技术应用到滑坡治理工作中，填补地质灾害治理大数据应用的空白。目前滑坡治理研究成果较多，有些已经被运用到了实际治理中，但是仍存在着很大的发展研究空间。历年来四川省收集了海量的滑坡治理数据，这些数据能够被用来进行一些基于机器学习方面的研究工作。

1.2.1 滑坡稳定性评价

滑坡的稳定性是指一定规模的滑坡在特定的区域和时间内发生的概率。滑坡的稳定性评价是在滑坡灾害易发性评价的基础上，综合考虑地震、降雨等诱发因素，对滑坡的稳定性进行评价。现有的滑坡稳定性评价主要包括两种：一种是对区域展开滑坡稳定性评价，另一种是针对单体滑坡进行的稳定性评价。滑坡稳定性的评价方法很多，主要可以分为两类，即确定性方法和非确定性方法。

确定性方法基于滑坡发生的原理和物理机制，通过传统的力学计算模型来对滑坡灾害的稳定性做出评价。由于传统的物理模型物理意义明确，对基础物理参数精度要求高，数据难以获取，适合对特定的单体滑坡进行研究。

确定性方法主要包括传统的极限平衡法、极限分析法等，日本学者斋藤迪孝对滑坡稳定性的评价展开研究，他提出的"斋藤法"蠕变理论可以很好地对滑坡危险性做出评价，预测出滑坡的临滑时间。章瑞环等针对多级均质滑坡，基于改进的极限平衡法确定了滑坡的最小安全性系数。Kumar等通过极限平衡法分析了岩质滑坡的稳定性，确定了滑坡的最小安全系数，并对不同地震载荷条件下滑坡的稳定性进行了研究。

目前，国内外的滑坡研究主要聚焦于非确定性方法。非确定性方法综合考虑了滑坡的稳定性影响因子，通过定性分析和统计分析对滑坡的稳定性进行评价。非确定性方法主要包括基于知识驱动的方法和基于数据驱动的方法。

基于知识驱动的滑坡稳定性评价方法常用的有层次分析法和模糊综合评价法等。Yoshimatsu利用层次分析法对遥感图像中的地形因子进行赋值，根据得分对滑坡发生的概率进行评估。毛伟分析了金坪子滑坡，利用GIS（geographic information system）技术对坡度等因子进行提取，基于层次分析法构建了危险度评价模型，对金坪子滑坡进行稳定性评价。王春燕基于模糊综合评价法，结合灰色关联分析法计算危险评价影响因素权重的大小，得出滑坡危险等级的灰色模糊综合评价结果。

基于数据驱动的方法有很多，较常用的有信息量法、证据权法和机器学习方法。李旭等采用加权信息量的方法，对滑坡影响因子进行赋权，得到了大孤山露天矿的稳定性分级。杨华阳等基于证据权的方法，以九寨沟滑坡为样本，对滑坡的稳定性进行了评价，研究结果显示采用加法证据权模型的准确率较高。张向营等将机器学习方法运用到了滑坡危险性研究中，利用随机森林算法对贵德县北部山区的滑坡进行稳定性评价。赵泽园等首先研究了滑坡影响因素，然后构建 LightGBM 模型，对该区域的滑坡稳定性进行了区划。Pece 利用机器学习领域中逻辑回归的方法对区域的滑坡灾害进行了经验建模，以此对滑坡灾害的稳定性进行评价。Nahian 利用机器学习的方法对孟加拉国难民营的滑坡稳定性进行了评价，该研究采用了逻辑回归、多层感知器、梯度增强树和随机森林四种监督分类算法来评价滑坡稳定性，通过对比，发现随机森林算法对于滑坡稳定性评价的准确率最高。

基于知识驱动的方法，滑坡稳定性影响因子的权重受专家经验的影响，主观性较强，当指标过多时，数据统计量大，权重也难以确定，而且定量数据较少，定性成分较多，不易令人信服。基于数据驱动的方法避免了对滑坡稳定性影响因子的主观选择和权重值的主观评估，可以从大量的滑坡样本中进行统计分析，得到滑坡稳定性评价的结果。

国内外部分学者已经开始将机器学习方法应用于滑坡稳定性评价研究中，但目前为止，滑坡灾害领域的研究主要还是采用传统的极限平衡法、层次分析法等。将机器学习方法应用于滑坡稳定性研究，让机器从数据中学习相关规律，快速得到准确的滑坡稳定性评价的结果，弥补了传统方法存在较强的主观性以及模型构建复杂、耗时较长的缺陷。因此，选用基于数据驱动的机器学习方法进行滑坡的稳定性评价研究，具有一定的研究意义。

1. 2. 2 滑坡治理研究

近年来随着经济的飞速发展，人类工程活动的增多，滑坡灾害频发，对国民经济和人民生命财产造成相当巨大的损失。每年有大量的滑坡待治理，目前为止已完成治理的滑坡数量十分巨大，治理费用十分昂贵，滑坡治理费用少则数百万上千万元，多则上亿元。然而，每当一个新的滑坡发生，现行的方法基本是每次现场勘探之后根据专家的经验设计出适用于该滑坡点的治理工程方案，而缺少一种广泛适用的方法。如果有一种广泛适用的方法，那么当一个新的滑坡灾害发生时，就可以据此给出该滑坡治理工程决策的合理建议，从而节省勘探和设计人员的时间和精力。与此同时，计算机技术也越来越成熟，作为计算机科学中研究热点的机器学习已经在越来越多的领域发挥作用。结合机器学习方法，对滑坡灾害治理工程的方案决策研究，构建一个治理工程预测模型，具有重要的意义。

Francisco（2010）利用数据挖掘技术评价边坡的安全性。为了预测边坡的安全系数和失效率，采用的算法有多次回归、决策树、支持向量机、人工神经网络。作者认为支持向量机更适合用来预测安全系数，而人工神经网络更适合用来预测失效率。预测结果不仅能评价边坡的安全性，而且能在边坡的初期设计阶段被利用。Geoffrey Martin（2002）利用 FLAC 有限差分（快速拉格朗日法）模拟抗滑桩的作用荷载传递规律，分析了土拱与桩的布置位置、桩的形状、界面粗糙度等的函数关系，得出了抗滑桩的作用效果。Pradhan 等（2008）利用人工神经网络模型分析影响滑坡危险性的因素，每个因素的权重由神经网络训练方法得到，将因子权重代入公式计算滑坡灾害指数，最后用 GIS 工具制作滑坡灾害图。

Hossein 等（2011）利用遗传算法（GP）对四个岩土工程问题进行研究，分别是混凝土面板堆石坝的相对高度沉降问题、边坡稳定性评价、隧道地面沉降问题和土体液化估计问题。Tincoc 等（2011）首次采用了数据挖掘技术来预测实验室配方的注浆浆液的变形模量，分析和讨论了人工神经网络、支持向量机和泛函网络的预测能力。Leu 等（2011）将基于人工神经网络算法的数据挖掘技术用来预测危岩的稳定性，其建模数据来自中国台湾铁路隧道。Esamaldeen（2014）研究了岩石的微观组构与单轴抗压强度之间的关系，利用多元回归分析和神经网络算法建立了预测岩石单轴抗压强度的模型。Baykasoglu 等（2009）利用数据挖掘的分类技术预测了土体的液化，利用神经网络算法和蚁群算法建立了精确的分类规则，最后将土体液化的判断以 IF-THEN 的规则形式呈现出来。

渠孟飞（2017）利用支持向量机、多元回归等数据挖掘技术建立了包括一系列滑坡整治工程设计中常用的滑体土重度、滑带土抗剪强度、滑带土碎石含量、滑带土天然含水率等计算参数的数据挖掘模型。刘天浩（2004）将遗传算法和支持向量机结合起来，构成进化支持向量机，对八尺门滑坡的位移进行预测，对于同样的数据利用神经网络构成学习样本，并进行预测，比较其结果。

许石罗（2015）利用长短期记忆神经网络方法解决了单体滑坡形变预测中影响因子与滑坡位移存在滞后关系的问题，探索了卷积神经网络和长短期记忆神经网络在区域滑坡灾害空间预测中的应用方式。范瑞迪（2016）采用刚体极限平衡法分析不同工况下滑坡的稳定性，并通过叠加数值分析软件对滑坡的发展趋势进行模拟和计算，提出坡面小削坡+锚杆（索）+格构梁+双排预应力锚拉抗滑桩+三维网植草绿化+截排水沟+毛石挡墙的治理设计方案。王荣华（2016）通过对滑坡的基本特征、变形破坏模式和发展趋势的分析，提出抗滑桩+挡土墙+截排水沟的综合防治方案。张勇（2016）通过对林州市大型推移式滑坡的勘探，分析其在暴雨等工况下的边坡稳定性后，提出了抗滑桩+地表截水的治理方案。胡锦玮（2017）通过对北碚渠滑坡地质条件的分析，提出了三种有效的防治方案，并进行优选最终得到削坡+预应力锚索格构+排水+绿化的综合治理方案。骆银辉等（2009）总结并示例了不同类型边坡崩塌的形成机理和演化特征，提出了常用的清危、锚固与挂网喷护、支撑加固和遮挡避让等措施。黄润秋与胡斌（2009）分析了西南红层地区软硬互层型边坡破坏模式及稳定性，采用"清坡、局部削坡、挂网喷护、钢筋混凝土支撑柱、排水和位移监测"措施控制了凹岩腔上部岩体拉裂扩展。王亚军等人（2009）针对河北北山崩塌提出了避让搬迁、清危、主动加固、修建坡脚缓冲沟、挡石墙和 SNS 柔性防护网几种治理方案，在考虑了经济合理、安全有效原则后，采用了 SNS 柔性防护网治理方案。

1.2.3　常见滑坡治理措施介绍

1.2.3.1　滑坡工程治理程序

（1）实地勘查确定灾情。

滑坡灾害防治工程是对致灾地质作用的调整和滑坡变形的改造工程。地质分析研究贯穿于其始终。勘查工作要准确查明崩塌滑坡的险情状况，包括致灾作用的性质、成因、变形机制、边界、规模、活动状况、稳定状况及危险程度；参与计算评价的有关岩土物理力学参数及水文地质条件；成灾的危害情况，包括可能遭受危害的人、物、设施位置、规划、价值及可迁移程度；影响治理工程实施的自然条件（地形、水源、岩、矿石特性等）及社会条件（交通、能源供应、劳工等），从经济效益、社会效益诸方面进行防治的必要性、可行性论证，从而确定下一步工作方案。

（2）防治工程设计。

滑坡灾害防治工作，根据滑坡活动的成因机制、运动模式、危险程度及防治目标加以制订，对滑坡总体及其不同块段应有区别地综合考虑。

①根据滑坡作用的成因确定治理途径。

如果滑坡失稳主要是外因造成的，那么消除、减少导致滑坡活动的破坏力来源是首要的防治途径；如果主要是内因造成的，那么防治途径应是设计增强其自身稳定性的方案。消除、减少破坏动力来源，应视动力性质（类型）及作用特征，选用合理措施。如果是防治降雨型滑坡，最有效的办法是搞好地表及地下水排水；防治冲蚀型滑坡的措施是改变冲蚀水流的流向、流势，减缓冲蚀强度，或修筑抗冲蚀（护坡）工程；防治堆积加载型滑坡的措施是制止堆积物填加或清方减载；防治挖掘型滑坡的措施是改善挖掘方法，减少对山（坡）体的破坏扰动或停止挖掘。增强变形体自身稳定性的基本原则是减少变形作用力，增强阻抗力。针对滑坡作用机制及运动模式，采用有效的抗衡措施，这些措施包括选择适宜的工程结构类型及其实施位置与方向。治理滑坡的具体工程措施，有降低坡高、坡角；在主滑段削方减载；在有效部位加拦挡工程及排土、防水工程等。

②根据滑坡的危险程度和防治目标确定防治工程强度和工程量。

防治工程结构强度和工程量的确定，应以能达到防治目标的要求为准。这与工程位置的选定有关，比较简便可行的办法是绘制不同安全等级（K值）的下滑力曲线图。在图上采取最有利位置使下滑坡总体下滑减少为零，其所需的力即为防治工程应有的出力，可据之确定工程的结构强度及工程量。

③合理施工。

滑坡灾害防治工程的合理施工也是十分重要的，因为欲加防治的滑坡体，自身的稳定性很差，经不起大的工程扰动，而防治工程又难以完全避免扰动，必须将这种扰动限制在变形体能承受的范围之内，不然反而会加剧滑坡变形，甚至失控成灾。在滑坡区设挡土墙一般都忌通槽开挖。挖孔桩排，不宜连续成排开挖，锚索（杆）施工的孔洞钻掘强度（洞群密度及爆破力），也不能对加固岩土体有大的扰动破坏，至于施工锚固力（预应力）也不宜过大，以防将开裂岩体折断，或使土体产生连续性拉张变形。锚头深度必须超过斜坡土体的天然剪切破裂弧面。

1.2.3.2 崩塌滑坡防治的基本方法

防治崩塌滑坡方法是消除或减轻水对诱导滑坡的影响，改变滑坡外形、增力滑坡的抗滑力，阻滞滑坡体的滑动。

（1）地下水引起滑坡的防治。对于由地下水作用引起的滑坡，在事先弄清地下水补给来源、方式、方向、位置和数量的基础上，主要采用截水盲沟、盲洞、仰斜钻孔等工程加以排除。

（2）地表水引起滑坡的防治。对于地表渗水或自然沟水补给而引起的滑坡体滑动，则宜采取地面铺砌防渗、地表排水沟及沟床铺砌等措施。

（3）挖方引起滑坡的防治。对于挖方修铁路、公路，破坏山体平衡，采用抗滑挡墙抗滑桩等支撑措施来恢复平衡。

（4）江河冲刷引起滑坡的防治。对因江河冲刷引起的滑坡，应着重修筑河岸防护工程。

（5）严重滑坡的防治。对于大滑坡或滑体连续分布的区段，如果处理起来在技术上还不过关，经济上又不合算，可以考虑使工程建筑设施避开滑坡的影响范围。

（6）中小型滑坡的防治。对于中小型滑坡，工程建筑物的选址要避开它们活动的前缘位置，如果条件允许的话，也可将小型滑坡全部消除。

实践证明，凡是采用排除地下水措施的，都收到了较好效果；凡是采用支挡工程措施的，只要设计无误，而且支挡工程埋基于滑床之下的深度足够，一般也能取得迅速稳定滑坡的效果；凡是单纯采用减重措施的，都不能最终稳定滑坡，减重措施必须与支挡或排水措施相结合才能见到成效。在防治滑坡时，必须因地制宜，综合治理，才能根治。如河南省巩义市铁生沟滑坡治理工程就是采用削方减载工程、地表水及地下水排水工程和在滑坡体中部及下部设置支挡工程的综合治理方案，并取得了良好的治理效果。

1.2.3.3　滑坡防治工程

（1）排水工程。

排水工程应在滑坡防治总体方案的基础上，结合地形条件、工程地质、水文地质条件及降雨条件实施，具体有地表排水、地下排水或两者相结合的方案。地表排水工程设计标准应满足工程等级所确定的降雨强度重现期标准。

当滑坡体上存在须保留的地表水时，应进行防渗透处理，并与拟建排水系统相接。

地下排水工程设计应视滑面分布特征、滑坡体及周岩的水文地质结构以及地下水动态特征，选用隧洞排水、钻孔排水或盲沟排水等方案。

排水工程设计应充分保证排水工程结构的寿命，采用耐久性良好的新材料、新技术、新工艺。

位于城镇区域的滑坡，其排水工程设计应与城镇现有或规划的排水系统和设施相协调，并有合适的排水接入口。

①地表水排水工程。

滑坡的发生和发展，与地表水有着密切关系。因此，设置排水系统来排除地表水，对治理各类滑坡都是适用的，对治理某些浅层滑坡，效果尤其显著。常用的地表排水方法，是在滑坡可能发展的边界 5 米以外，设置一条或数条环形截水沟，用以拦截引自斜坡上部流向斜坡的水流。通常，沟深和沟底宽度都不应小于 0.6 米。为了防止水流的下渗，在滑坡体上也应充分利用自然沟谷，布置成树枝状排水系统，使水流得以汇集旁引。如地表条件许可，在滑坡边缘还可修筑明沟，直接向滑坡两侧稳定地段排水。如果滑坡体内有湿地和泉水露头，那么需修筑渗沟与明沟相配合的引水工程；在地表水下渗为滑坡主要原因的地段，还可修筑不同的隔渗工程。当地表出现裂缝或滑坡体松散易于地表水下渗时，都要及时进行平整夯实，以防地表水渗入。另外，在滑坡地区进行绿化，尤其是种植阔叶树木，也是配合地表排水、促使滑坡稳定的一项有效措施。

地表水排水工程水力设计应首先对排水系统各主、支沟段控制的汇流面积进行分割计算，根据设计降雨强度和校核标注分别计算各主、支沟段汇流量和输水量，以确定排水沟断面，并核验已有排水沟的过流能力。

截水沟应设置在滑坡体后缘裂缝 5 米以外的稳定斜坡面上，用典型横断面优化沟的平面位置，避免外坡内挖过大。截水沟迎水面可设置泄水孔，孔径不宜小于 50 毫米。

截（排）水沟的纵坡不宜小于 0.5%，可单面"一"字坡排水或双面"人"字坡排水，且尽早排入两端人工或自然沟道。沟壁进行铺砌的沟渠，最小纵坡不宜小于 0.12%。

排水沟的纵坡，应根据沟线、地形、地质以及与山洪沟连接条件等因素确定，还应进行抗冲刷计算，包括：

a. 排水沟沟床纵坡不宜大于 5%。

b. 当自然纵坡大于 5% 或局部高差较大时，应采取消能和防冲措施。当跌水高差大于 5 米时，应采用多级跌水槽或增设消力槛和沉砂池。多级跌水可根据地形、地质条件，采用连续或不连续的形式。

c. 当排水沟通过裂缝时，应设置成叠瓦式的沟槽，采用土工合成材料或钢筋混凝土预制板制成。

d. 对有明显开裂变形的坡体，应及时封堵裂缝，整平积水坑、洼地，使降雨能迅速沿排水沟汇集，排走。

e. 排水沟进出口平面布置，应采用喇叭口或"八"字形导流翼墙。导流翼墙长度可取设计水深的 3~4 倍。

f. 当排水沟断面变化时，应采用渐变段衔接，其长度可取水面宽度之差的 5~20 倍。

g. 排水沟的安全超高，不宜小于 0.4 米；在弯曲段凹岸，应分析并计入水位壅高的影响。

h. 跌水和陡坡进出口段，应设导流翼墙，与上、下游沟渠护壁连接。梯形断面沟道，宜做成渐变收缩扭曲面；矩形断面沟道，宜做成"八"字墙形式。

排水沟的设置还需注意以下几点：

a. 排水沟可用浆砌片石或块石砌成，但地质条件较差，如坡体松软段，应采用毛石混凝土、混凝土或耐久性更好的材料修砌。

b. 砌筑排水沟砂浆的标号，不宜低于 M10。对坚硬块片石砌筑的排水沟，可用比砌筑砂浆高 1 级标号的砂浆进行勾缝，且以勾阴缝为主。毛石混凝土或素混凝土的标号，宜用 C15。

c. 陡坡和缓坡段沟底及边墙，应设伸缩缝，缝间距为 10~15 米。伸缩缝处的沟底，应设齿坎，伸缩缝内应设止水或反滤盲沟或者同时采用。

d. 当滑坡体上或滑坡后缘（外围）存在有可能影响滑坡稳定的水田、池、塘、库等常年性或季节性地表水体时，应采取相应的防渗漏措施。

e. 当截水沟与排水沟相接时，应尽量大角度相交，必要时可设置消能井或挡水墙。

f. 明沟进入暗涵处应设置炉壁状漏水网。

②地下水排水工程。

地下水通常是诱发滑坡的主要因素，排除对滑坡体有害的地下水，尤其是滑带水，成为治理滑坡的一项有效措施。滑坡地下排水系统包括截水盲沟、支撑盲沟、盲洞、仰斜钻孔、渗井、渗管、垂直钻孔、砂井与平孔相结合、渗片与卤洞相结合等工程设施。其中的深盲沟和盲洞，由于造价高、施工困难，效果又不太稳定，一般很少采用。

当滑坡体表层有积水湿地和泉水露水时，可以将排水沟上端做成渗水盲沟或者用网状水带延伸进湿地内，达到疏干湿地内上层滞水的目的。盲沟的最大深度宜小于 10 米，纵坡大于 5%，填石渗水盲沟应使用不含泥的块石、碎石填充，两侧和顶部用砂砾石和土工织物做反滤层。对于浅层滑坡，宜采用支撑盲沟排除滑坡体内地下水，并抗滑支挡。或在滑坡后缘设置截水盲沟，将地下水拦截于滑坡之外并引走。支撑盲沟应布置于滑坡前缘，宜沿地下水流向布置，深度宜小于 5 米，横宽宜为 2~4 米，盲沟之间中心间距宜控制在 6~15 米。

支撑盲沟基底应埋入滑面以下稳定岩层，前端辅以挡土墙或片石跺。

a. 截水盲沟。截水盲沟一般设置于滑坡可能发展范围5米以外的稳定地段，与地下水流向垂直，一般做环状布置，目的在于拦截和旁引滑坡范围以外的地下水。这种盲沟由集水和排水两部分组成，断面尺寸由施工条件决定，沟底宽度一般不小于1米。盲沟的基底要设在补给滑带水的最低一层含水层之下的不透水层内。为了维修和清淤的方便，在截水盲沟的转折点和直线地段每隔30~50米，都要设置检查井。

b. 支撑盲沟。支撑盲沟是一种兼具排水和支撑作用的工程设施。对于滑动面埋藏不深，滑坡体有大量积水，或地下水分布层次较多、难于在上部截除的滑坡，可考虑采用修建盲沟的办法进行治理。支撑盲沟应布置在平行于滑坡滑动方向的地下露头处，从滑坡脚部向上修筑。有时在上部分岔成支沟，支沟方向与滑动方向成30°~45°交角。支撑盲沟的宽度根据抗滑、沟深和便于施工的原则来确定。一般为2~4米。盲沟基底应砌筑在滑动面以下0.5米的稳定地层中，修成2%~4%的排水纵坡。如果滑坡推力较大，可考虑采用支撑盲沟与抗滑挡墙结合的结构形式，这种联合形式的防治效果更好。

c. 仰斜孔群。仰斜孔群是一种用近于水平的钻孔把地下水引出，从而疏干滑坡体、使滑坡稳定的措施。仰斜排水孔的位置，可按滑体地下水分布情况，布置在汇水面积较大的滑面凹部。孔的仰斜角度应根据滑动面倾角以及稳定的地下水面位置而定，一般为10°~15°。孔径的大小由施工机具和孔壁加固材料决定，可以从几十毫米到一百毫米不等。如果仰斜排水孔作为长期的排水通道使用，那么孔壁就需要用镀锌铜滤管、塑料滤管加固，也可用风压吹砂填塞钻孔。当含水土层（如黄土）渗透性差时，可采用砂井—仰斜排水孔联合排水措施，以砂井聚集滑坡体内的地下水，用斜孔穿连砂井并把水排出。采用这种排水措施，原则上斜孔应打在滑动面以下。砂井的井底以及砂井与斜孔的交接点，也要低于滑动面。砂井中的充填料应保证孔隙水可以自由流入砂井，而砂井又不会被细粒砂土淤积。

d. 垂直孔群。垂直孔群是一种用钻孔群穿透滑动面，把滑坡体内储藏的地下水转移到下方强透水层，从而将水排泄走的一种工程措施。每一种工程措施都有一定的适用条件，垂直孔群的适用条件是：滑坡体土石的裂隙度高、透水能力强、在滑动面下部存在的排泄能力强的透水层。垂直孔群一般在地下水集中地区和供水部位，采用成排排列的方式布置，每排孔群的方向应垂直于地下水的流向。排与排的间距约为钻孔间距的1.5~5倍。排水孔的孔径要求每孔的设计最大出水量大于钻孔实际涌水量。为了达到钻孔排水的目的，每个钻孔都必须打入滑动面以下的强透水层中，并且要求每个钻孔终孔后，都要安设过滤管，在过滤管外充填砂砾过滤层。对于不设过滤管的钻孔也应该全部充填砂砾。在孔口应设置略高于地面的防水层。

在自然界中，由于斜坡的前缘受到河流冲刷而诱发滑坡的情况，是一种很普遍的现象。因此，应努力防止水对坡脚前缘的冲刷、淘蚀。治理的办法是在滑坡上游严重受冲地段，修筑促使水流偏向对岸的丁字坝。在滑坡前缘用抛石、铺设石笼、钢筋混凝土块及片石护坡，使滑坡坡脚的土体免受河水冲刷，从而达到稳定滑坡的作用。如果滑坡位于河曲处，河道又有改变的条件，也可采用改变河道方案，以使滑坡前缘免受河水冲刷。一些沟谷由于水流的冲刷，沟床不断加深与拓宽，沟坡的岩土失去稳定而产生滑坡。对这种滑坡的治理，可在它的下游地段修筑堤坝，以防继续下蚀，并利用淤积的固体物质稳定滑坡的坡脚。水库岸边的滑坡也常因坡舌部分遭受冲刷而促使滑坡不断发展，对这种滑坡的治理可采用：蓄水前在滑坡前缘的上游地段修筑丁字坝，使库水夹带的泥沙能够淤积于滑坡前缘，起到支撑滑坡的作用；水库蓄水之后，在主导风向作用下，波浪对岸边的冲刷有将岸边泥沙带至河流、水库的作用，当滑坡处于这样的地段时，应在滑坡脚部填以平缓的斜坡，在斜坡上修一个有足够厚度的反滤层，再在滤层上砌石护坡，以取得稳定滑坡的作用。

（2）支挡工程。

由失去支撑引起的滑坡，或滑床陡、滑动快的滑坡，采用修筑支挡工程办法，可增加滑坡的重力平衡条件，使滑坡迅速恢复稳定。支撑建筑物的种类很多，有抗滑垛、抗滑桩、抗滑墙、锚固等。这里仅叙述几种主要的支挡工程：

①抗滑片石垛。抗滑片石垛是一种用垒砌石块的方法来阻止滑坡体下滑、达到稳定滑坡目的的工程措施。对于滑体不大，滑面位置低于坡脚不深的中、小型滑坡，且有足够的场地和廉价的石料时，就可采用这种工程措施。但是，这种措施不适宜用来治理下滑力较大的大、中型滑坡。对于强地震区的滑坡，由于片石垛本身结构松散，这种措施也同样不宜采用。对于适宜采用抗滑垛的中、小型滑坡，片石垛的基础必须埋置于可能形成的滑面以下 0.5~1.0 米处，一般都用浆砌片石或混凝土做成厚约 0.5 米的整体基础。抗滑片石垛的顶宽一般不小于 1 米，垛的高度应高出可能向上产生滑动面的位置，堆砌石块时，必须平行于基底分层砌筑，石块间尽可能相互咬紧，为了保证片石垛具有良好的透水性能，在垛后需要置放砂砾滤层。

②抗滑挡墙。抗滑挡墙是一种阻挡滑坡体滑动的工程措施，适用于治理因河流冲刷或因人为切割支撑部分而产生的中、小型滑坡，但不适宜治理滑床比较松软、滑面容易向下或向上发展的滑坡。由于滑坡的推力较大，抗滑挡墙比

一般的挡土墙要设计得宽大些，具有胸坡缓、外形宽大的特点。为了增加抗滑挡墙的稳定性，在墙后应设 1~2 米宽的衡重台或卸荷平台，挡墙的胸坡越缓越好，抗滑挡墙，一般多设置于滑坡的前缘，基础埋入完整稳定的岩层或土层的一定深度。挡墙背后应设置顺墙的渗沟以排除墙后的地下水，同时在墙上还应设置泄水孔，以防止墙后积水泡软基础。

a. 重力式抗滑挡墙。

重力式抗滑挡墙宜与排水、减载、护坡等其他防治工程配合使用。

重力式抗滑挡墙的墙形选择应根据地形条件、滑坡地质条件和稳定状态、施工条件、土地利用和经济性等因素综合确定。

对于土质滑坡，重力式抗滑挡墙的高度不宜大于 10 米；对于岩质滑坡，重力式抗滑挡墙的高度不宜大于 12 米；当墙高大于以上规定值时，应进行专门的计算和设计。

b. 扶壁式抗滑挡墙。

扶壁式抗滑挡墙适用于潜坡前缘反压填土边坡的支挡。

扶壁式抗滑挡墙的基础应置于滑带之下且不小于 1 米，其埋置深度应根据滑面位置、地基承载力等因素经计算确定。

c. 桩板式抗滑挡墙。

桩板式抗滑挡墙适用于开挖土石方可能危及相邻建筑物或环境安全的边坡、填方边坡支挡以及工程滑坡治理。

桩板式抗滑挡墙墙顶位移应小于悬臂段长度的 1/100，且不宜大于 100 毫米。地面处桩的水平位移不宜大于 10 毫米，桩应满足杭滑桩设计要求。

桩的设置应满足下列要求：

（a）桩应嵌圈在稳定的地层中；（b）确保桩后土体不越过桩顶或从桩间滑走；（c）不应产生新的深层滑动。

d. 石笼式抗滑挡墙。

石笼式抗滑挡墙适用于地基承载力较低的滑坡堆积体边坡防护，受水流冲刷且防护工程基础不易处理的滑坡前缘阻滑治理。

石笼式抗滑挡墙墙高宜小于 6.0 米，当与土工格栅、钢丝网等加筋技术联合使用时，可提高墙体高度。

石笼式抗滑挡墙设置地段的水流流速宜小于 5 米/秒。

当地基软、地基承载力达不到设计要求时，可通过扩大基础底面积处置，或应进行专门的地基处理。

③抗滑桩。抗滑桩是一种常用的治理滑坡的工程措施。抗滑桩用来治理滑

坡既要保证桩不被剪断、推弯或推倒，也要保证桩间土体不会从桩间滑走或因桩高不够而导致土体从桩顶滑出。抗滑桩应设置在滑体中下部，滑动面接近于水平，而且也是滑动层较厚的部位。一定要保证桩身有足够的强度和锚固深度，桩高和桩间距离都要适当。抗滑桩的施工方法主要有打入法、钻孔法和挖孔法三种。对于浅层的黏性土和黄土滑坡，可直接用重锤把木桩、钢轨桩、钢管桩、钢筋混凝土管桩等打入，简单易行；对于中厚层的大型滑坡，则多采用钻孔法和挖孔法施工。

抗滑桩的位置选择在滑坡体较薄、嵌固段地基强度较高的地段，应综合考虑确定其平面布置、桩间距、桩长和截面尺寸。

抗滑桩的设置应保证滑坡体不越过桩顶或从桩间滑动，应对越过桩顶滑出的可能进行验算，并采取相应的防护措施。

截面尺寸及桩型选择：

抗滑桩的桩截面尺寸应根据滑坡推力的大小、桩间距、桩顶位移量以及嵌固段地基的横向容许承载力等因素确定。

抗滑桩嵌固段应设置在滑面以下的稳定岩（土）体中。

非常规抗滑桩的桩型选择，应考虑下列条件：

a. 当悬臂抗滑桩的设计弯矩过大，或桩顶位移超过容许位移时，宜采用预应力锚索抗滑桩或组合式抗滑桩。

b. 当滑坡变形较大且不宜进行大截面抗滑桩开挖施工时，可采用钻孔灌注抗滑桩或小口径组合抗滑桩。

c. 当滑坡体厚度大、不存在次级滑带，且对地面变形无严格要求时，可采用埋置式抗滑桩。

d. 当滑坡体地下水较为丰富，需降低地下水位并进行抗滑支挡时，可采用箱型抗滑桩。

e. 对下滑力较大的滑坡宜采用分级抗滑支挡或多排抗滑桩。当采用多排抗滑桩支挡时，各排桩之间宜有一定的搭接长度。

④锚固。这种方法是利用穿过软弱结构面、深入至完整岩体内一定深度的钻孔，插入钢筋、钢棒、钢索、预应力钢筋及回填混凝土，借以提高岩体的摩擦阻力、整体性与抗剪强度，这种措施统称为锚固。

a. 锚杆喷射混凝土联合支护。锚杆喷射混凝土联合支护简称锚喷结构或锚喷支护，即喷射混凝土与锚杆相结合的一种支护结构，也称喷锚支护。

b. 锚杆。锚杆是指钻凿岩孔，然后在岩孔中灌入水泥砂浆并插入一根钢筋，当砂浆凝结硬化后钢筋便锚固在围岩中，借助于这种锚固在围岩中钢筋能有效地控制围岩或浅部岩体变形，防止其滑动和坍塌。锚杆类型很多，有楔缝式锚杆、倒楔式锚杆、普通式砂浆锚杆（并称插筋）、钢丝绳砂浆锚杆、树脂锚杆及预应力锚索等，锚杆的作用是锚杆与岩体锚固后的作用，有四种形式，即悬吊作用、组合作用、加固作用和锚杆的自承拱作用。

c. 预应力锚索。预应力锚索由钻孔穿过软弱岩层或滑动面，把一端（锚杆）锚固在坚硬的岩层中（称内锚头），然后在另一个自由端（称外锚头）进行张拉，从而对岩层施加压力对不稳定岩体进行锚固。预应力锚索在国内应用较多，如长江南岸链子崖危岩体治理和会同县中心街滑坡治理中都采用了此种锚索。锚索结构一般由幅度锚头、锚索体和外锚头三部分共同组成。内锚头又称锚固段或锚根，是锚索锚固在岩体内提供预应力的根基，按其结构形式分为机械式和胶结式两大类，胶结式又分为砂浆胶结和树脂胶结两类，砂浆式又分二次灌浆式和一次灌浆式。外锚头又称外锚头的构件，也是张拉力的承受者，通过对锚索体的张拉来提供预应力，锚索体由高强度钢筋、钢纹线或螺纹钢筋构成。预应力锚索是一种较复杂的锚固工程，需要专业知识与经验，施工监理人员应具有更丰富的理论知识和经验。

⑤减载。当一个滑坡处于头重脚轻的状况下，而在前方又有一个可靠的抗滑地段时，应采取在滑坡体上部减重或脚部加填的办法，使滑坡的外形得以改变，重心得以降低，这样可以使滑坡的稳定性得到根本的改善。

曾经有人计算过，如果将滑动土体积的4%从坡顶转移到坡脚，那么滑坡的稳定性就可增加10%。如果滑坡没有一个可靠的抗滑地段，那么减重只能减小滑坡的下滑力，不能达到稳定滑坡的目的。

因此，用减重的方法治理滑坡时，常常需要与下部的支挡措施相配合。用减重的方法治理滑坡并不是对所有滑坡都适用。对于牵引式滑坡或滑土带具有卸载膨胀性的滑坡，就不宜使用。减重常用于滑面不深、具有上陡下缓，滑坡后壁及两侧有岩层外露或土体稳定不可能继续向上发展的滑坡。对于可以采用减重方法治理的滑坡，应该认真研究确定减重范围，并根据各段滑坡体的稳定程度来决定稳定滑坡和其他建筑物的要求。对于一些不向上或向两侧牵引发展的小型滑坡，也可考虑将滑坡体全部清除。

在对滑坡体作减重处理时，必须切实注意施工方法，尽量做到先上后下，先高后低，均匀减重，以防止挖土不均匀而造成滑坡的分解和恶化。对于减重后的坡面要进行平整，及时做好排水和防渗。在滑坡前部的抗滑地段，采用加载措施，可以产生稳定滑坡的作用，当条件许可时，应尽可能地利用滑坡上方的减重土石堆于前部抗滑的地段。为了加强堆土的反压作用，可以将堆土修成抗滑土堤，堆土时要分层夯实，外露坡面应砌片石或种植草木，土堤内侧应修渗沟，土堤和老土之间应修隔渗层。

另有其他防治工程，包括回填压脚、抗滑键、植物防护等。

a. 回填压脚工程。回填体应经过专门设计，其对于滑坡抗滑稳定安全系数的提高值可作为工程设计依据。未经专门设计的回填体，其对于安全系数的提高值不宜作为设计依据，但可作为安全储备加以考虑。回填土压实度应不低于0.90。当回填体内部存在地下水补给时，应在底部设置地下排水措施。库（江）水位变动带的回填压脚应对回填体进行地下水渗流处理和防冲刷护坡。回填体材料宜优先选用透水性较好的碎石、卵石和砂性土。采用透水性小的材料时，应按照反滤要求做好包括坡内排水以及坡面排水和防渗等措施。当回填土边坡较高较陡时，应设置抗滑挡墙支挡措施。

b. 抗滑键工程。抗滑键可用于滑坡体完整性好且无浅层滑面，仅需通过对滑带及周围岩土体加固即可提高整体稳定的情况。

抗滑键在滑坡治理中可单独使用，也可与其他抗滑支挡结构联合使用。

对有次级滑面的土质滑坡体应采取综合措施，避免滑坡体局部失稳。

抗滑键的长度、间距设计宜采用有限元强度折减法计算。高度以不越顶剪出和满足施工空间来控制。

c. 植物防护工程。植物防护工程可用于滑坡表层土体溜塌和景观美化。

植物防护工程为滑坡防治的辅助配套措施，不宜单独使用，且不应作为提高滑坡稳定性因素参与设计。植物防护工程宜采用草本、灌木等低矮植物。黄土高原等干旱地区应采用适宜本地区生长的草种。顺层滑坡和残积土滑坡中采用植物防护工程时，应避免植物根系劈裂、风荷载和水的作用加剧。

2　滑坡治理方法研究介绍

2.1　传统的滑坡稳定性评价方法

滑坡稳定性的评价方法很多，主要可以分为两类，即确定性方法和非确定性方法。

2.1.1　确定性方法

确定性方法主要包括传统的极限平衡法、极限分析法等。

2.1.1.1　极限平衡法

极限平衡法是岩土工程中分析滑坡稳定性时应用最广的一种方法，是最经典的确定性方法，其基本思路是：

（1）假定问题是平面应变性质的。

（2）假定的滑动机理，即假定滑坡体沿着既定的滑裂面滑动。

（3）假定的岩土体的材料变形特性，即滑动岩土体被视为刚体。

（4）抗剪阻力由静力学方法确定，各种方法满足平衡条件的程度不同，但是在条块的分界面上遵从摩尔—库仑准则，条块间不允许出现拉力。

（5）采用试算法找出最小的稳定系数。

极限平衡法是通过分析土坡在破坏那一刻的平衡条件来进行问题的求解。有的方法考虑隔离体整体平衡，有的方法把隔离体分成若干个竖向的土条，并对条间力作一些简化，然后考虑每一土条的静力平衡。假定不同的滑裂面可以得到不同的稳定系数 F_s 值，其中稳定系数 F_s 值最小的滑面就是最滑动面，其所对应的 F_s 值即为该滑坡的稳定系数值。

极限平衡法将影响土体或岩体抗剪切强度的所有主要因素均纳入计算，这是极限平衡法的一个最显著的优点。在极限平衡法中，对滑裂面以上的土体进行静力分析时，一般将其分成若干垂直土条，因此极限平衡法又被称为条分法。

2.1.1.2 极限分析法

对滑坡体进行极限平衡分析时，一般采用比较特殊的垂直条分方式。经过对任一条块的研究分析，在极限平衡状态下，滑体稳定是一个超静定问题，为了将其简化为静定问题必须进行条件假定。根据假定条件的不同，工程界和学术界提出了以下几种常用的方法：Fellenius（瑞典条分）法、Bishop（毕肖普）法、Janbu（简布）法 、Sarma 法、传递系数法等。这些方法从不同的侧面进行了简化假定，因而适用不同的条件和情况。

（1）Fellenius 法。

Fellenius 法是对均质斜坡圆弧形滑面的分析方法，忽略了条块之间力的相互影响作用，分析过程只满足于滑动体整体的力矩平衡条件，并不满足条块之间的静力平衡条件，如图 2-1 所示。

根据 Fellenius 法的假设条件，在任何情况下应用该方法都不会违反合理假定的要求。但是，该方法仅应用于圆弧形滑面，对于在非圆弧滑面的应用还需作进一步的探讨。

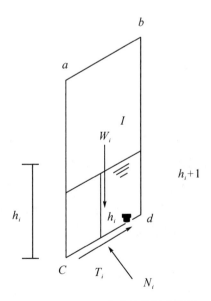

图 2-1　Fellenius 法受力分析示意图

（2）Bishop 法。

如图 2-2 所示，作用在条块上的力除了重力 W_i 外，滑动面上有切向力 T_i 和法向力 N_i 条块的侧面分别有法向力 P_i、P_{i+1} 和切向力 H_i、H_{i+1}。但是，从计算式的推导可看出 Bishop 法实际上认为条间只有水平力而不存在切向力，即假设条间只有水平作用力，垂直作用力为零，且滑动面为近似圆弧。Bishop 法满足极限平衡条件及力多边形闭合条件和整体力矩平衡条件，但不满足条块力矩平衡。

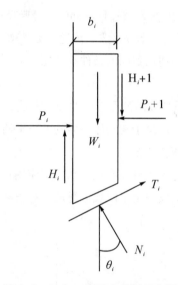

图 2-2　Bishop 法受力分析示意图

（3）Janbu 法。

由图 2-3 可知，Janbu 法考虑了土条间的作用力，且假设条间合力作用点的位置总位于距滑面 1/3 处，在这一前提下，每个条块都满足全部静力平衡条件和极限平衡条件，滑体的整体力矩平衡条件也自然得到满足。这些条件使得 Janbu 法能适用于任意形状的滑动面。但是，该方法在计算过程中存在收敛困难的问题，因此应该合理地进行条块的划分，同时可以对推力线的位置在距滑面 1/3 上、下进行调整，一般都可以得到收敛结果。

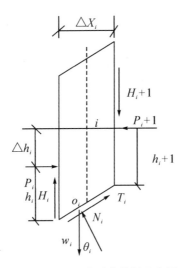

图 2-3　Janbu 法受力分析示意图

（4）Sarma 法。

Sarma 法在任意条分的前提下，假设滑坡体为不透水介质，条块底面和侧面的孔隙水压力为静水压力，并基于此建立了条块底面以及侧面的极限平衡。Sarma 引进了临界地震加速度的概念，可以考虑地震或人为振动等动荷载对滑坡稳定性的影响，同时还可以考虑滑坡体后缘张裂隙中的水压力或前缘加固处理后所产生的阻力。它可以应用于评价各种破坏模式下的滑坡稳定性，因而应用较广，Sarma 法的受力分析如图 2-4 所示。

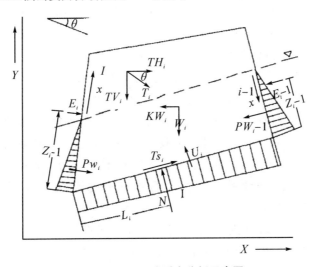

图 2-4　Sarma 法受力分析示意图

（5）传递系数法。

传递系数法是我国工业民用建筑和铁道部门在核算滑坡稳定性时使用非常广泛的一种方法。它适用于任意形状的滑裂面。其基本原理是假定滑动面有一系列折线滑面构成，各分块下滑力平行于底滑面，如图2-5所示。取单位厚度滑体进行分析，将各力（在不考虑其他外荷载时）投影在相应分块底滑面上，根据滑面及其法线方向（N_i 作用方向）上满足力的平衡条件推导出了滑坡推力计算公式。

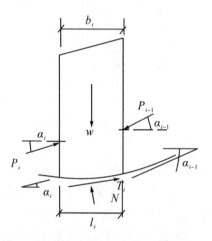

图2-5　传递系数法受力分析示意图

极限平衡分析法的基本概念是假定一个有可能破坏的面，并设法确定沿此面的应力状态，这样包含在滑面和自由地表之间的自由体就处于静态平衡。这种通常被认为调用起来的应力状态当然不必是沿此面真实的应力状态。但此应力状态可与可以得到的强度即沿此面引起破坏所必需的应力相比较，安全系数 F 被定义为这样的系数，它使可得到的剪切强度减小，以使其与调用起来的剪应力相平衡。根据相同的原则，可设想一个临界加速度系数 K。它给出一水平荷载，其大小为自由体总重的一部分，当它施加于自由体时，使沿滑面的应力与可得到的强度相平衡。由于水平荷载与地震问题相关，所以系数 K 被称为临界加速度系数。在地震稳定性分析中，参数 K 给出临界水平加速度，它使滑面产生一个等于1的安全系数。在没有实际水平荷载的情况下，K 可以起到量度安全系数的作用（Sarma et al.，1974）。

此法是一种扩展的楔体解法，此法的新颖之处在于它以闭合的形式给出临界加速度系数 K 的解，并且不含有图解。此外，此法不要求条块必须垂直，条块的临界倾斜角作为解的一部分可以求得。采用倾斜条块的理由是：垂直条块分界面往往不适宜用于内部应力计算，而确定这些应力正是一种完善的极限平衡分析法的真正目的。尽管解是以 K 的形式获得，但并不限定使用 K 作为稳定性的量度。如先前提到的，安全系数总是可以通过迭代计算求得。

这里介绍的方法要求在滑体内部有剪切破坏的可能性，因而该法适用于由实际滑坡进行的强度参数的反分析。要用这种方法计算超过 1 的安全系数，必须做出有关土体内部剪切强度调用程度的假定。如果我们假定内部剪切平面的安全系数与滑面上的安全系数相同，那么以相同的安全系数简单地缩减各处的强度参数，就可直接应用此方法。

2.1.2　非确定性方法

非确定性方法主要包括基于知识驱动的方法和基于数据驱动的方法。

2.1.2.1　基于知识驱动的方法

基于知识驱动的滑坡稳定性评价方法常用的有层次分析法和模糊综合评价法等。层次分析—模糊数学综合评价法是指将层次分析法引入模糊数学评价方法，以此确定模糊数学评价方法中的权重向量，建立层次分析—模糊数学综合评价体系，可以避免专家打分法的主观性带来的评价偏差，使结果更加客观准确。

运用该方法进行滑坡稳定性分析时，可主要划分为以下几步：

（1）进行野外滑坡调查，查明滑坡所在处的地形地貌、地层岩性、地质构造、地下水、岩土体的工程地质特征等条件。

（2）根据野外调查结果进行评价因子的选择。

（3）建立评价集。

（4）确定隶属度。采用层次分析法进行权重赋值，其过程为第一步建立递阶层次结构，第二步建立判断矩阵，第三步计算权重向量。

（5）进行模糊运算。

（6）分析评价结果。

（7）确定滑坡稳定性。

2.1.2.2　基于数据驱动的方法

基于数据驱动的方法有很多，较常用的有信息量法、证据权法和机器学习的方法。

（1）信息量法。

在工程地质学中，信息量的变化被用来定量地描述斜坡系统的稳定性。在理论上，信息量可采用式 2-1 的条件概率进行计算：

$$I_{A_j \to B} = \lg[P(B/A_j)/B] = -[\lg P(B) - \lg P(B/A_j)] \qquad (\text{式 2-1})$$

式中，$I_{A_j \to B}$ 为标志状态 j 提供事件 B 的信息量，$P(B/A_j)$ 为标志 A 状态 j 存在事件 B 发生的概率，$P(B)$ 为事件 B 发生的概率。

根据概率乘法定理，上式可改写成式 2-2：

$$I_{A_j \to B} = \lg[P(A_j/B)/P(A_j)] \qquad (\text{式 2-2})$$

式中，$P(A_j/B)$ 为已知事件 B 发生条件下 A_j 出现的概率；$P(A_j)$ 为研究区中标志值的概率。

在实际计算中，总体概率可用样本频率进行估算，$I_{A_j \to B}$ 可改写为式 2-3：

$$I_{A_j \to B} = \lg[(N_j/N)/(S_j/S)] = \lg[(S/N)(N_j/S_j)] = \lg[c(N_j/S_j)]$$

$$(\text{式 2-3})$$

式中，$I_{A_j \to B}$ 为标志 A 状态 j 能提供有滑坡发生事件 B 的信息量（权重）；N 为具有标志值 A_j 的滑坡单元数；N 为研究区已有滑坡的单元总数；S_j 为有标志值 A_j 的单元数；S 为研究区单元总数。

由此式可计算出任一选定标志及状态下事件发生的信息量。当 $I_{A_j \to B} > 0$ 时，提供标志 A 状态 j 条件下会发生滑坡的信息；当 $I_{A_j \to B} < 0$ 时，说明该条件下有阻止滑坡发生的信息。

（2）证据权法。

证据权法是加拿大数学地质学家 Agterberg 提出的基于二值图像的地学统计方法。它采用一种统计分析模式，通过对一些与泥石流形成相关的地学信息的叠加复合分析来进行度分区的预测，其中每一种地学信息都被视为度分区预测的一个证据因子，而每一个证据因子对区划的贡献则是由这个因子的权重值来确定的。

证据权模型可以给出二值证据图层，根据点对象关系密切的程度给出一个度量标准（权重），并组合成多元图层，对点对象可能的空间分布进行预测。证据权模型在泥石流度分区的应用中，泥石流点就是点对象，证据图层就是指对泥石流发育有利的地质构造、地形地貌、水文地质等专题图件。证据图层一般都被网格化为不连续的区域，1 表示证据存在，0 表示证据不存在。通过对网格单元进行定量的信息综合并计算每一个单元的度的后验概率，进而求出度的大小。

证据权法计算步骤：

假设把整个研究区网格化成面积相等的 T 单元，其中有 D 个单元为有泥石流单元，$\bar{D}$ 个单元为无泥石流单元，B 为证据因子存在区的单元数，$\bar{B}$ 为证据因子不存在的单元数。

①先验概率的计算。

先验概率是根据调查已知的泥石流点分布，计算各泥石流点的密度，如式

2-4 所示:

$$P_{先验} = P(D) = D/T \qquad (式2-4)$$

②权重计算。

D 对于任一个证据因子二值图像权重的定义为

$$W^+ = \ln \frac{P(B/D)}{P(B/\bar{D})} \qquad (式2-5)$$

$$W^- = \ln \frac{P(\bar{B}/D)}{P(\bar{B}/\bar{D})} \qquad (式2-6)$$

式中 W^+ 和 W^- 分别为证据因子存在区和不存在区的权重值,对于原始数据缺失区域,其权重值为 0。W^+ 说明这个证据层存在,W^- 说明证据层不存在。权重的大小是相对的,无量纲的,由落入特定图层的泥石流点个数和全部泥石流个数的比值与特征图层面积和整个研究区面积的比值之间的比值决定。

③相关系数。

相关系数如式 2-7 所示。

$$C_i = W_i^k - W_i^- \qquad (式2-7)$$

其中,$k = \{0, 1\}$,当 $k = 0$ 时,表示该图层不出现时的情况,即 $W_i^k = W_i^-$;当 $k = 1$ 时,表示该图层出现时的情况,即 $W_i^k = W_i^+$。

④证据综合。

二值专题图层(证据层)应用贝叶斯定理线性对数进行综合,计算这些证据层同时存在时的权重和,得到后验概率图,最后根据后验概率值划分研究区泥石流度。

在实际应用中,证据权法要求各证据因子之间相对于泥石流点分布满足条件独立。对于 n 个证据因子,若它们都满足泥石流点条件独立,应用几率对数表示贝叶斯法则,模型就变得线性化,如式 2-8 所示:

$$\ln\{O(D/B_1^{k(1)} B_2^{k(2)} \cdots B_n^{k(n)})\} = W_0 + W_1^+(W_1^-) + W_2^+(W_2^-) + \cdots + W_n^+(W_n^-)$$

$$= \sum_{i=0}^{n} W_i^k \qquad (式2-8)$$

式中,B_i 代表第 i 个证据层;$K^{(i)}$ 在第 i 个证据层存在时为+,不存在时为-;W_i 是第 i 个预测变量存在或不存在的权重。

(3)机器学习的方法。

因为我国国土面积大,地形地貌种类繁多,所以相应的滑坡灾害影响范围广。这时可以通过一些方法对区域滑坡稳定性进行评估,进而划分轻重缓急区别对待。以往的经验方法如下:

①基于 GIS 对山区地质灾害进行分析,建立数据库并开发评价模型。

②多种数学模型开展的稳定性分区制图。

大多以数学统计分析方法为主，通过构建滑坡灾害影响因子评价体系，开展各影响因子与滑坡之间的统计规律分析，最后基于 GIS 开展滑坡稳定性评价区分析。

滑坡稳定性评价可选用的机器学习模型如表 2-1 所示。

表 2-1 滑坡稳定性评价可选用的机器学习模型

类型	常用模型	优缺点	相关数学公式
分类（判断类别已知的离散型数据）	KNN 最近邻算法	适用多分类评价；准确度高，对异常点不敏感，但计算量大，过于依赖均衡训练数据	欧式距离： $d(x, y) = \sqrt{\sum_{k=1}^{n} (x_k - y_k)^2}$ 曼哈顿距离： $d(x, y) = \sqrt{\sum_{k=1}^{n} \lvert x_k - y_k \rvert}$
	SVM 支持向量机	核函数可映射至高维空间，解决非线性分类评价，但对大规模和多分类训练样本难以进行评价	高斯核函数： $K(X, Y) = \exp\left\{ -\dfrac{\lVert X - Y \rVert^2}{2\sigma^2} \right\}$
	人工神经网络（线性、BP、卷积）	可高速寻找优化解，但需要大量参数，学习时间过长，评价结果不确定	损失函数：$L = \dfrac{1}{2} \sum_{i=1}^{m_K} (Y_i^{(K)} - T_i)^2$ $= \dfrac{1}{2} \sum_{i=1}^{m_K} (\delta_i)^2$
	Logistic 回归（Sigmoid 函数、梯度上升）	评价效率高，但不能观察学习过程	逻辑函数：$y = \dfrac{1}{1 + e^{-x}}$
	决策树	适合评价离散小规模样本，但评价大量连续变量和多类别样本效果欠佳	信息熵： $H(X) = -\sum_{x \in X} P(x) \log_2 P(x)$
	集成算法（bagging、随机森林 RF、boosting、stacking）	避免了强势样本对评价结果的影响，但在用某些噪音值较大的样本来进行性评价时可能会发生过拟合现象	$\text{Bagging} f(x) = 1/M \sum_{m=1}^{M} f_m(x)$

2.2 滑坡风险性评价

2.2.1 滑坡风险性评价的背景

总结国内外文献不难发现，对于风险存在着两种不同的理解：一种是将风险看成地质灾害可能引起的损失的大小，一种是将风险看成是地质灾害引起某种程度损失的概率的大小。考虑地质灾害管理的实际需求，我们认为对地质灾害进行风险评价需同时兼顾这两方面的内容，单纯强调某一方面的内容都是有失偏颇的。

在现今地质灾害管理体制下，缺乏对地质灾害防治工作绩效的评判。这正是需要进行滑坡地质灾害风险评价和风险管理的另一个原因。如今地质灾害防治管理中的工作方法、手段等技术要求和管理办法有待建立和完善，特别是在对一些重大地质灾害的勘查与防治中如何做到经济有效、科学理性地决策，以最少的投入获得最大的减灾效益，是一个值得深入探讨的问题。

近年来国际社会自然灾害风险评估受到了越来越广泛的重视，投身这方面研究的专家学者越来越多，不但有自然科学方面的专家，而且不少从事社会经济研究、方法研究的专家也投入了这一领域，从而极大地促进了灾害风险评估的发展。自然灾害风险评估研究的内容也越来越广泛，尤其是强化了社会经济研究，对受灾体易损性的分析不断深入，这种分析不仅局限于受灾个体分析，而且已经逐渐扩展到评价区域社会经济易损性研究中。研究的手段也日益丰富，除了灾害动力学分析方法以外，开始融入多种数理分析和社会经济评价分析手段，比如概率分析、多元统计、系统分析、层次分析、工程分析、价值分析等（罗元华 等，1998）。

所有这些都从理论和实践上为地质灾害风险评价提供了有益的经验，为进一步的深入研究奠定了重要的基础。但是由于这一全新的领域涉及的内容相当广泛，需要跨学科共同协作，目前的研究和应用水平尚不能完全满足社会经济发展和减灾的需要，主要表现在国家和地区之间研究发展不平衡、理论研究非常薄弱、评估成果没有得到充分的实践应用。

2.2.2 滑坡风险性评价概念辨析

滑坡风险性评价有三个易混淆概念：易发性、危险性、风险评价。
易发性、危险性、风险评价的直观表示和最终结果就是各种区划。滑坡易发区指具备滑坡发生的地质构造，地形地貌和气候条件，容易或者可能发生地质灾害的区域，主要依据地质环境条件，参考地质灾害现状，考虑潜在的滑坡划定。滑坡编目是易发性评价的基础，基于滑坡编目的概率分析法、定性推理法、数学模型评价法是区域性易发性评价的基本方法。滑坡的易发区可分为高易发区、中易发区、低易发区三类，还有一类是非易发区。总体来说，滑坡易发区指具备滑坡发生的地质构造，地形地貌和气候条件，容易或者可能发生地质灾害的区风险分级。在一个较大的区域上刻画承灾体的时空概率不仅是困难的，而且就区划精度而言也没有必要，在此，我们假定所有受到威胁的对象的时空概率均为1.0。

因此，对于定性的风险评价，滑坡风险＝危险性×危害后果，可以通过风险矩阵的两两比较而得。承灾体类型、价值和易损性的确定采用定性的评价，仍采用基于GIS的栅格分析方法，将全区剖分为25米×25米网格。对于危险性分级，在上一步的评价中已有结果，而对于危害后果的分级，则需分别确定承灾体类型、数量、单位；滑坡易发性危险性风险评价分析价值和易损性大小。在此，对承灾体仅作大类的划分，共分为人口、交通线、生命线等八大类，每种类型的单位价值估算也是粗略的，根据不同类型承灾体抵御风险能力的高低，赋予易损性值的大小。风险区划将各类承灾体信息栅格化并货币化后，可进行危害后果的定性分级，将之与危险性分级交叉比较后，即可得到定性的风险分级结果。人员风险没有进行货币化，是按人口数量划分危害性级别的，因此全区的财产风险区划图和人员风险区划图是分别得到的。滑坡风险性评估计算滑坡风险性是滑坡危险性和承灾体易损性共同作用的结果。

2.2.3 滑坡风险评估计算方法

滑坡风险评估计算按下式计算：

风险度（risk）＝危险度（hazard）×易损度（vulnerability）（式2-9）

具体计算按以下步骤：

（1）将前面用实证权重后概率法和指数叠加法计算出来的滑坡危险性两张图按五个等级进行重新分类。

（2）按滑坡风险评估交叉矩阵将滑坡易损性与滑坡危险性分别进行交叉运算。

2.3 传统滑坡治理方法

每当一个新的滑坡发生，现行的方法基本上是每次现场勘探之后根据专家的经验设计出适用于该滑坡点的治理工程方案，而缺少一种广泛适用的方法。传统的滑坡治理方法包括抗滑桩的应用、利用数据挖掘建立模型以及利用神经网络预测等。

2.3.1 抗滑桩的应用

在滑坡治理工程中，抗滑桩是一种重要的支挡加固措施，在确定滑坡推力后，如何准确、合理地计算抗滑桩内力对滑坡治理工程的成败常常有着决定性的作用。根据滑动面以上桩身滑坡推力的分布形式、桩前剩余抗力的分布情况以及桩身边界条件，将"m"法和"K"法相结合，推导出全桩内力有限差分计算公式；所提出的计算方法思路简明、计算精度高，在实际滑坡治理工程中得到了有效的应用，也可应用于其他横向受力桩的分析与计算。

通常在计算滑坡推力作用时，滑动面以上桩前剩余抗力已经考虑在内，所计算的滑坡推力为扣除桩前剩余抗力的"净滑坡推力"，在计算桩身内力时，可将桩前剩余抗力设为0。锚固段地层抗力通过地基系数体现为桩土相互作用的力。

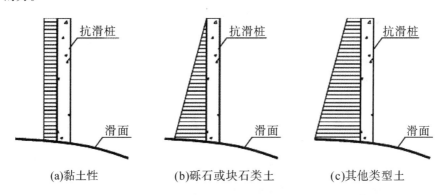

(a)黏土性　　　　(b)砾石或块石类土　　　　(c)其他类型土

图 2-6　滑坡推力在桩侧的推力

对实际工程而言，桩的破坏形式通常表现为剪断而非转动。因此，按弹性桩计算更符合实际情况。对于弹性桩，桩身受力（滑坡推力）后，将发生挠曲变形，根据弹性地基梁理论，可得桩身挠曲线微分方程如式 2-10 所示。

$$EI\frac{d^4x}{d^4y} + B_pmyx = q(y) \qquad \text{（式 2-10）}$$

式 2-10 中，B_p 为桩的正面计算宽度，m 为侧向地基系数随深度变化的比例系数，kN/m^4；y 为自桩顶沿桩轴向下的距离，m；x 为 x 方向的位移 m；$q(y)$ 为 y 深度处的桩侧荷载，kN/m。

用有限差分法求解上面的微分方程式时，需将桩沿其长度等距分成 n 段，每段长 $h = H/n$，同时在桩面和桩底各增加两个虚拟节点，如图 2-7 所示。

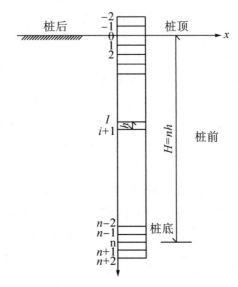

图 2-7 抗滑桩桩身节点划分

不同于轴向受力桩，大部分地层条件下抗滑桩的桩底均未嵌岩，滑体上下地层刚度处于同一数量级（相差不大），因此可假设桩底为自由端，即桩底弯矩和剪力均为零，可得式 2-11、式 2-12。

$$EI\frac{d^2x}{d^2y} = \frac{x_{n-1} - 2x_n + x_{n+1}}{h^2} = M_b = 0 \qquad \text{（式 2-11）}$$

$$EI\frac{d^3x}{d^3y} = \frac{-x_{n-2} + 2x_{n-1} - 2x_{n+1} + x_{n+2}}{h^3} = Q_b = 0 \qquad \text{（式 2-12）}$$

式中，M_b 为桩底弯矩，$kN\cdot m$；Q_b 为桩底剪力，kN。

根据有限差分的基本原理，可知任一节点的差分方程为

$$\frac{EI}{h^4}(x_{i-2} - 4x_{i-1} + 6x_i - 4x_{i+1} + x_{i+2}) + B_pmih\, x_i = q(y_i) \quad \text{（式 2-13）}$$

则整理得第 n 节点（桩底）的差分方程为

$$x_n(2 + \frac{h^4}{EI}B_p mnh) = 4x_{n-1} - 2x_{n-2} + \frac{h^4}{EI}q(y_n) \qquad \text{（式 2-14）}$$

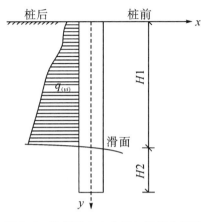

图 2-8　抗滑桩内力分析与计算坐标系

故对于滑动面以上

$$d_n = (2 + \frac{h^4}{EI}B_p mnh) \qquad \text{（式 2-15）}$$

对于滑动面以下

$$d_n = (2 + \frac{h^4}{EI}B_p m H_1) \qquad \text{（式 2-16）}$$

H_1 为滑动面的深度，即滑动面以上的地基系数采用"m"法计算，随深度（ nh 值）的增加而增加；滑动面以下的地基系数采用"K"法计算，其值等于滑动面处的地基系数（ $mnh = m H_1$ ）。

2.3.2　数据挖掘建立模型

2.3.2.1　数据挖掘概述

20 世纪 90 年代开始，数据挖掘概念逐渐出现在学术界、商业界和医学界。Daryl Pregibons Allegation 对数据挖掘的定义是：数据挖掘是多学科交叉技术，融合了统计、人工智能和数据库技术。统计学（statistics）是数据挖掘的基础，数据挖掘阶段的探索性数据分析（exploratory data analysis，EDA）就是通过统计手段来识别变量之间的关联的。人工智能（artificial intelligence，AI）和机器学习（machine learing，ML）基于人类推理对数据进行处理，它们极大地推动了数据挖掘的发展。数据库技术（database system）是数据挖掘的第三基石，它为数据挖掘提供可供挖掘的数据。概括起来，广义的数据挖掘泛指半自动地分析大型数据库以发现有用模式的处理过程。

数据挖掘过程可分为三步：

（1）探索性数据分析（EDA），包括数据清洗、数据转换、降维、特征集选择等。

（2）模型建立和模型精度检验，包括对建立的模型进行对比和选择，选取预测能力最好的模型。

（3）将新的数据输入模型，进行预测。

数据挖掘的任务和应用主要有以下几个方面：

（1）数据总结。数据总结是对数据的基本特征进行总结和概括，通过数据总结，可获得数据分布特征和多维度、多层次的汇总。

（2）分类。分类模型的因变量是类别变量，因此，分类就是分析数据不同属性之间的联系，得到能够正确区分数据类别的模型。常用于分类的模型有决策树、贝叶斯分类、神经网络、遗传算法、支持向量机、粗糙集等。

（3）回归。回归是数据挖掘建模的主要任务。统计学里，回归是建立自变量与因变量之间的数学方程。数据挖掘中，回归是通过对数据进行"学习"，建立预测模型对数值型变量进行预测。岩土体的参数是受岩土体状态、类型等多因素控制和影响的，要估计多因素变化对岩土体参数值的影响，就需要建立多因素变量和目标参数之间的关系。在数据挖掘中常用的回归方法有多元回归、神经网络、支持向量机等。因此，多元回归统计是本书选用的方法之一。但是，因为岩土参数之间的关系并不总是线性的，因此针对非线性样本建模的支持向量机模型是本书重点研究并应用的对象。神经网络也可用于回归，但因其模型稳定性较差，不作为本书的预测方法。

（4）聚类分析。聚类分析是将一个数据集根据一定的相似原则划分成几个子集的方法。子集内部数据结构特征尽可能相似，不同子集之间的数据差异较大。常用的聚类分析方法有 Kohonen 聚类分析、K-Means 聚类分析和层次聚类等。

（5）关联分析。关联分析是通过数据分析，找出数据之间的相互关联的规则。数据挖掘中的关联分析方法有关联规则。

2.3.2.2　数据挖掘模型

主要的预测模型有支持向量机模型和多元回归模型。

（1）支持向量机模型。

支持向量机（support vector machine，SVM）是在统计学理论（statiscal learning theory，SLT）基础上发展起来的一种新的机器学习方法。支持向量机的核心内容于 1992 年被博舍、盖恩和瓦普尼克提出，在解决小样本、非线性和高维的二分类和回归问题上有很多优势。支持向量机是统计学习理论中最新的部分。支持向量机（SVM）和神经网络（neural network）都可以用来做非线性回归拟合，在一些预测问题上两者之间的对比显示支持向量机的泛化能力要比神经网络强。支持向量机的重点在于两个方面：一个是构造最优超平面，二是对非线性问题的处理。支持向量机分为支持向量分类与支持向量回归，以下介绍支持向量回归。

统计学中的回归目标是分析自变量和因变量之间的数量变化关系，并且用回归线直观地展示这种关系。支持向量回归目标也是确定自变量与因变量之间数量关系的回归线，称为超平面。

如果在 n 维特征空间中，无法找到一个对样本数据拟合良好的超平面，那么可以通过核函数间接将样本非线性映射到高维空间中，在高维空间中寻找超平面。支持向量机的一大特色即通过核函数来克服维灾难问题。

核函数常见的形式有：

①Sigmoid 函数：$K(X_i, X_j) = tan(\gamma X_i^T + r)$，$tan(x) = \dfrac{e^x}{e^{x+1}}$。

式中，r 为偏差，通常为 0；增加 y 可提高预测精度，但可能导致过拟合。

②多项式函数：$K(X_i, X_j) = (\gamma X_i^T X_j + r)^4$。

式中，r 为偏差，通常为 0；d 为阶数，决定映射新空间的维度，一般不超过 10；增加 y 可提高预测精度，但可能导致过拟合。

③高斯径向基函数：$K(X_i, X_j) = e^{\frac{\|X_i-X_j\|^2}{2\sigma^2}} = e^{-\gamma \|X_i-X_j\|^2}$。

式中，γ 也称 RBF γ，增加 γ 可提高预测精度，但可能导致过拟合。

④线性函数：$K(X_i, X_j) = (X_i^T X_j)$。

与回归分析的预测相类似，支持向量回归中输出变量的预测值为 $y_* = b + W^T X$。

（2）多元回归模型。

回归分析是一种为了寻求变量之间相互关系的统计工具。回归分析方法是通过建立统计模型研究变量间相关关系的密切程度、结构状态、模型预测的一种非常有效的工具。

当有多个自变量时，回归方程称为多元回归方程，基本形式为

$$y = \beta_0 + \beta_1 x_1 + \beta_2 x_2 + \cdots + \beta_p x_p + \varepsilon \qquad \text{（式 2-17）}$$

式中，y 为因变量，x_1，x_2，$\cdots$，x_p 为自变量，ε 为随机误差，β_0，β_1 称为回归系数。回归分析的主要任务就是得到未知参数 β_0，β_1，$\cdots$，β_n，一般采用最

小二乘估计法。得到回归方程后，需对回归方程、回归方程系数进行统计检验。

①回归方程的显著性检验。

回归方程的显著性检验是看自变量 x_1，x_2，$\cdots$，x_p 从整体上对随机变量 y 是否有明显的影响。提出原假设

$$H_0 = \beta_1 = \beta_2 = \cdots = \beta_p = 0 \qquad (式 2-18)$$

如 H_0 被接受，表明随机变量 y 与自变量 x_1，x_2，$\cdots$，x_p 的线性回归模型没有意义。构造 F 检验统计量对 H_0 进行检验。给定显著水平 α，当 F 值大于临界值 F_α 时，拒绝 H_0，说明回归方程显著，x 与 y 有显著的线性关系。

②回归系数的显著性检验。

若方程通过显著性检验，仅能说明系数不全为零，并不能保证每个自变量对 y 的影响都显著，所以还需对每个自变量进行显著性检验。若某个系数 $\beta = 0$，则 x 对 y 影响不显著。提出假设：

$$H_{0j}：\beta_j = 0，j = 1，2，\cdots，p \qquad (式 2-19)$$

若接受 H_0 假设，则 x_j 不显著；若拒绝 H_0 假设，则 x_j 显著。

③可决系数。

当只有两个变量时，可决系数为 r^2，多元回归时可决系数为 R^2。可决系数决定回归线与样本数据的拟合程度。R^2 的取值范围为 $0 < R^2 \leqslant 1$，当 $R^2 = 1$ 时，表示两个变量是完全线性关系；当 $R^2 = 0$ 时，表示自变量与因变量没有相关关系。

多元回归中一个重要的步骤是确认有无多重共线性问题。多重共线性问题是统计学里的一种现象，指的是在一个多元回归方程中，两个或多个变量间存在着显著的相关性。多重共线性问题会影响回归方程的预测精度，因此选择对因变量有显著影响的自变量，构造最优方程很重要。构造最优方程的方法较多，常用的有前进法、后退法、逐步回归法，这些方法中逐步回归法因其计算简便而受到推广。逐步回归法的基本思想是：将自变量逐步引入，每引入一个变量后，对入选的变量要进行检验，当原引入的变量由于后面变量的引入而变得不显著时，要将原变量剔除。每引入或剔除一个变量时，回归方程均需进行 F 检验，以确保每次在新的变量引入之前，回归方程中只包含显著的变量。

对于回归问题，模型精度的检验主要为对训练样本模型估计值与计算值之间的拟合度、绝对误差平均值和相对误差平均值。选择拟合度高、误差平均值小的模型作为最终估计模型。模型应用是将随机抽取的测试样本数据代入模型，计算模型估计值与计算值之间的绝对误差平均值和相对误差平均值。

2.3.3　神经网络预测

目前常用的滑坡变形预测方法是，通过监测得到致灾因子与滑坡变形量之间的关系，建立二者之间的映射，进而预测滑坡变形。依据致灾因子的判别，可将滑坡变形预测分为隐式统计预报法、显式统计预报法和动力预报法。显式统计预报法将观察到的影响滑坡变形的因子在判别分析的基础上，赋予一定权重从而综合预测滑坡变形，但影响因子的选择和权重分配具有较大的随意性。

人工神经网络（artificial neural network）方法为解决这一复杂非线性问题提供了一种有效途径，它具有较强的函数非线性映射能力，经过训练，可以找出输入、输出参数之间内在的隐式映射关系。

BP（back propagation）神经网络是一种利用误差反馈传播，具有隐含层的多层前馈网络。从输出值和期望误差反馈中不断地调整各加权系数以使网络总误差达到最小，从而解决了各网络层间隐含单元连接权的学习问题。这种输入、输出可看作不同维度欧氏空间的集合映射，其映射可以是高度非线性的。

BP 网络在传播学习的过程中，针对结果误差，不断调整各隐单元的权值，以期使网络实际输出值与期望输出值的误差均方值为最小。该学习过程中包括正、反向传播两个阶段。先给出一个权值，对输入样本进行正向输出，逐层处理，且上一个输出结果只影响与其紧连的下一个神经元的状态。当输出值与输出期望误差较大，超出预期误差时，则进行反向传播，通过不断修正多层隐神经元的权值，使总误差最小。在网络传播过程中，通过调整连接权系数 w_{ij} 来达到影响该层输出的作用。但对于输入层，输入模式送到输入层节点上，这一层节点的输出即等于输入。如果训练网络有 M 个输入，L 个输出，那么隐含层共有 q 个神经元。其中，x_1，x_2，$\cdots$，x_M 为网络的实际输入，y_1，y_2，$\cdots$，y_L 为网络的实际输出，$t_k(k=1,\ 2,\ \cdots,\ L)$ 为网络的目标输出，$e_k(k=1,\ 2,\ \cdots,\ L)$ 为网络的输出误差。

BP 网络结构如图 2-9 所示。

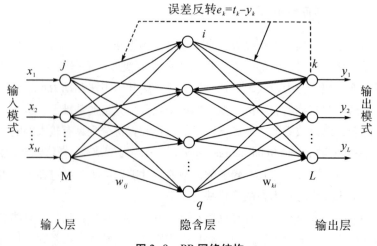

图 2-9 BP 网络结构

在样本训练阶段，设有 N 个训练样本，先假定用其中的一个样本 p 的输入／输出模式对 $\{x^p\}$ 和 $\{t^p\}$ 进行训练，隐含层的第 i 个神经元在样本 p 作用下的输入为

$$net_i^p = \sum_{j=1}^{M} w_{ij} o_j^p = \sum_{j=1}^{M} w_{ij} x_j^p (i = 1, 2, \cdots, q) \qquad (式 2-20)$$

式中，x_j^p 和 o_j^p 分别表示样本 p 在节点 j 处的输入和输出；w_{ij} 为输入层神经元 j 与隐含层神经元 i 之间的连接权值。

隐含层第 i 个神经元的输出为

$$o_i^p = g(net_i^p - \theta_i)(i = 1, 2, \cdots, q) \qquad (式 2-21)$$

式中，$g(\cdot)$ 为隐含层的激活函数；θ_i 为隐含层神经元 i 的阈值。

对于上式中的隐含层激活函数 $g(x)$，BP 神经网络常用 Sigmoid 型激活函数

$$g(x) = \frac{1}{1 + \exp[-(x + \theta_1)/\theta_0]} \qquad (式 2-22)$$

式中，参数 θ_1 表示偏值，正的 θ_1 使激活函数水平向左移动；θ_0 用于调节 Sigmiod 函数形状：当 θ_0 较小时，Sigmiod 函数逼近一个阶跃限幅函数；当 θ_0 较大时，Sigmiod 函数则较为平坦。

具有偏值和形状调节的 Sigmiod 函数，如图 2-10 所示。

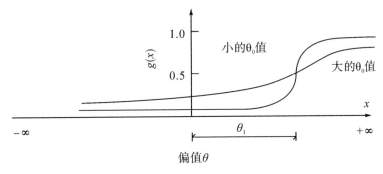

图 2-10　具有偏值和形状调节的 Sigmiod 函数

隐含层激活函数 $g(net_i^p - \theta_i)$ 的微分函数为

$$g'(net_i^p - \theta_i) = g(net_i^p - \theta_i)\left[1 - g(net_i^p - \theta_i)\right] = o_i^p(1 - o_i^p)$$

（式 2-23）

若其输出与给定模式的期望输出不一致，则将其误差信号从输出端反向传播回来，并在传播的过程中对权系数不断修正，直到在输出层神经元上得到所需的期望输出值为止。

2.4　潜在滑坡影响因子分析

本书主要研究的对象是滑坡，研究方向是滑坡的稳定性评价、滑坡治理工程措施推荐，研究区域是四川省。特别需要指出的是本书中稳定性指的是滑坡发生后再次发生滑坡的概率大小，稳定性研究是服务于滑坡治理工程措施推荐研究的，当某个已经发生了的滑坡被评价为欠稳定时，需要采取治理措施。

在研究方向上，与滑坡相关的潜在影响因子较多，主要可以分为五个部分。第一部分是滑坡区自然地理条件，包括地理位置、交通、气象、水文等；第二部分是地质环境条件，包括地质构造、地震、工程地质条件、水文地质条件、人类工程活动等；第三部分是滑坡灾害体基本特征，包括高程、滑坡形状、规模、滑动面与层面的关系、坡度、坡向、岩层产状、滑坡时代、破坏方式、滑坡物质结构、变形特征等；第四部分是危害对象及稳定性趋势，包括滑坡威胁对象、威胁资产、目前稳定状况及稳定趋势；第五部分是其他条件，这部分包括但不限于环境保护、滑坡所在市州经济条件、物价水平等。

2.4.1 滑坡自然地理条件因子

2.4.1.1 地理位置

地理位置包括了滑坡中心点的经纬度、滑坡区所在的行政区域。通过对收集到的数据进行分析，四川东部区域滑坡数量较西部区域多。

2.4.1.2 交通

交通条件对于滑坡治理工程起到了极大的影响。在滑坡治理时，需要运输建设材料或者运走开挖出来的泥土，运输距离的不同会极大地影响滑坡治理的运输成本，分析运输距离对于我们研究滑坡的治理总成本有极大的帮助。如图2-11所示，运输距离（距离县镇中心）低于30千米的大约有50%，运距在50~150千米的占比28%，占比最大。

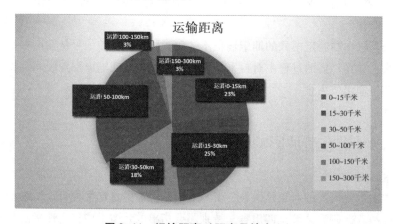

图 2-11 运输距离（距离县镇中心）

2.4.1.3 气象

气象特征方面选择了降雨量作为代表，降雨量与滑坡的稳定性有着紧密的联系，降雨是滑坡的主要诱因之一。作为一种严重的地质灾害，滑坡的发生一方面取决于斜坡的基本特征，另一方面又取决于外力作用。降雨作为一种外力对滑坡稳定带来了极大的影响，一方面增加了斜坡坡体的自重，另一方面降雨入渗到岩土分界面，会对滑坡的滑体产生上托的力，同时也会软化土体，使其更加容易下滑。因而，降雨会对滑坡的稳定性产生不利影响，降低滑坡的稳定性。

四川省处于亚热带，由于受到地形和不同季风环流的交替影响，气候呈现复杂多样的特性。四川东部地区年均降水量900~1 600毫米，四川西北部地区海拔较高，位于高原区域，年均降水量300~900毫米。

本书从滑坡的勘查文档中收集了滑坡点所处区域的年均降雨量，根据年均降雨量的大小，对不同降雨量区间内滑坡个数的分布进行了统计，统计结果如图2-12所示。从图2-12中可以看出，在年均降雨量为900～1 100毫米的地方，滑坡数量较多。有约66.09%的滑坡位于年均降雨量大于900毫米的区域。在降雨量少的区域，滑坡的分布明显少于降雨量多的区域。

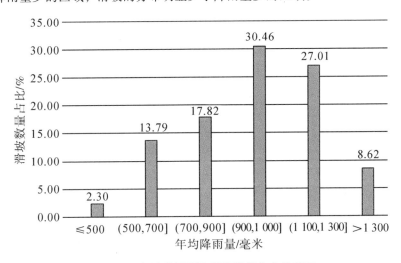

图2-12　年均降雨量和滑坡数量分布的关系

2.4.1.4　水文

水文条件影响着滑坡的发育情况，河流是滑坡的一个重要影响因素。首先，当滑坡坡脚前有河流经过时，河流对于河岸的向下切蚀和侧向掏蚀以及破浪冲击作用，会将滑坡坡脚的物质带走，在坡脚形成临空面，不利于滑坡的稳定。其次，在地表水充沛的地区，可以很好地对地下水进行补给，这为滑坡的发生提供了有利条件。另外，水流会软化岩石，形成软弱面，对滑坡的发育产生影响。河流水系在很多方面对于滑坡起着影响作用，影响程度与滑坡与河流的距离有关。

四川省水利资源丰富、河网密布，大部分河流属于长江流域。四川省湖泊大多分布于西部和西北部的高山高原地区，省内一共有大小湖泊1 000多个，没有特大面积湖泊。

本书根据滑坡数据和四川省的河流水系分布数据，利用ArcGIS提取了滑坡点与最近的河流之间的距离。滑坡与河流之间的距离与滑坡分布如图2-13所示。从图中可以看到，在距离河流1千米的范围内滑坡的数量最多。滑坡分布随着滑坡与河流之间距离的增加，总体上呈现减少的趋势。

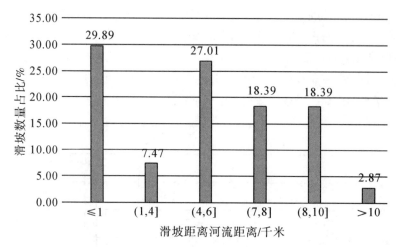

图 2-13　滑坡与河流之间的距离和滑坡数量分布的关系

2.4.2　滑坡地质环境条件因子

2.4.2.1　地质构造

地质构造条件对于滑坡的形成有着重要作用，滑坡的滑体被构造面切割分离成不连续状态时，才有向下滑动的条件，同时构造面又为降雨等水流进入斜坡提供了通道。而当滑坡所处区域的地震强度较大时，容易诱发滑坡的发生。所以当滑坡处于断层等地质构造发育的区域或者地震多发地带时，最易发生滑坡。

四川省横跨了特提斯-喜马拉雅构造域、滨太平洋构造域和古亚洲构造域三大构造区域，东、西部构造分带明显。主要的构造类型有水平构造、倾斜构造、褶皱构造和断裂构造等。其中，褶皱构造包括向斜和背斜两种类型。断裂构造包括两类：节理和断层。对本书所研究的滑坡对象的地质构造情况进行了汇总分析，主要类型有向斜、背斜、单斜和断层。

2.4.2.2　地震

四川省的地壳运动十分复杂，其新构造变形和地震活动十分强烈，属于地震多发的省份。在滑坡勘查时，会对滑坡所处区域的地震烈度进行研究，收集该区域的地震烈度。

根据我国最新公布的《中国地震烈度表》（GB/T 17742-2008），将地震烈度分为了 I 至 XII 一共 12 个级别。本书研究的滑坡的基本烈度有 VI、VII、VIII、IX 四个级别，烈度级别越高表示地震造成的危害越大。由于地震为滑坡的动力触发条件之一,因此对本书中滑坡的烈度进行了统计,统计结果如图 2-14 所示。本书研究的滑坡中,绝大部分滑坡所处区域的地震烈度都小于 VIII 级,其中超过一半的滑坡的地震烈度为 VII 级。

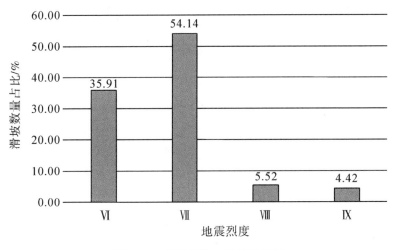

图 2-14 滑坡的基本烈度分布图

2.4.2.3 岩性

在地球的某一时代所形成的岩石,就是那个时代的地层。不同时代形成的地层存在差异,一般来说,后形成的地层在之前形成的地层之上。四川省研究区域内地层组成复杂,有各个时代的地层,不同时代的地层,滑坡的分布情况不同。根据滑坡勘查报告关于滑坡区域地层时代的记录,本书滑坡的地层时代主要为第四系、侏罗系、白垩系、志留系。

除了地层时代外,滑体的物质组成和滑床的岩性也对滑坡的稳定性和滑坡的治理有着重要影响。根据滑体物质组成,可以将滑坡分为岩质滑坡和土质滑坡。各类别的占比如图 2-15 所示,可以看出本书研究的滑坡中,大部分是土质滑坡,土质滑坡约占滑坡总数的63%。岩质滑坡和土质滑坡的分布情况、治理难度和稳定性评价的难易程度不同,土质滑坡分布比岩质滑坡广,岩质滑坡的稳定性评价和治理难于土质滑坡。

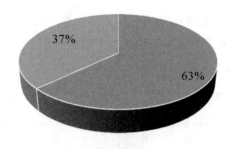

图 2-15　滑体的物质组成分布图

　　岩性不同，滑坡坡体的抗剪强度就会存在差异，滑坡发生的难易程度也就不同。根据对滑坡岩性数据的研究，大多数滑坡的岩性是泥岩或者砂岩等较软弱的岩石，这些岩石强度较低，容易破碎和风化，受雨水冲刷和降雨下渗的影响，滑坡发生的概率大于岩性较为坚硬的滑坡。对研究数据中滑坡的岩性进行统计，地层岩性主要有灰岩、泥岩、白云岩、砂岩、页岩等。根据坚硬程度不同，将岩石划分为了三类，如表 2-2 所示。

　　对于滑坡的岩性这个影响因子，除了考虑滑体岩性与滑床岩性，本书还从滑坡的勘查数据中提取了岩层的倾向和岩层倾角的数据。岩层倾向和岩层倾角对于滑坡来说是很重要的两个影响因子，它们反映出了滑坡的斜坡体结构，不同的斜坡体结构的稳定性差异很大。

表 2-2　岩性分类

类别	主要岩性组成
硬岩	花岗岩、石英岩、砂岩、白云岩、灰岩
次软岩	板岩、千枚岩
软岩	页岩、泥岩

2.4.2.4　水文地质条件

　　地下水是一个对滑坡有着重要影响的因子。在斜坡地下水渗透作用下产生的渗透压力，以及地下水对土体的软化作用而降低土体的强度，这些因素都削弱了滑坡的稳定性，为滑坡的发育提供了良好的条件。地下水的类型很多，本书主要按照含水层的类型收集滑坡区域内的地下水类型。由于滑坡的坡体多分布着松散堆积物，孔隙水和裂隙水存在于这些松散堆积物中。因而，在本书研究的滑坡中，孔隙水和裂隙水较为常见，90% 的滑坡都包含这两种地下水类型。

2.4.2.5　人类工程活动

人类工程活动频繁的区域一般是滑坡的多发区。不合理的人类工程活动如开挖坡脚、矿山开采、坡体排水等，会对斜坡结构的稳定性产生不利影响，从而引起滑坡的发生。

（1）房屋建筑。

因为建筑物存在的地方是人类生产生活的地方，所以人类活动就会相较其他地方更为频繁。一些生产生活的房屋建筑在坡体进行排水，同时滑坡体上的房屋建筑也加重了滑坡体的载荷，一些已有研究表明，这会对滑坡稳定性产生不利影响。

因此，本书从滑坡的平面矢量图中提取了滑坡区域以及周遭的房屋建筑情况，综合考虑房屋建筑的分布、面积以及房屋建筑类别、房屋建筑与滑坡的距离等影响因子，探究这些影响因子对滑坡的影响。

房屋与滑坡的位置关系对于滑坡的稳定性有着重大的影响。以本书提取的三个滑坡的房屋建筑数据为例，本书将房屋建筑与滑坡的位置关系分为了三类，如图 2-16 所示，（a）代表房屋建筑位于滑坡上，（b）代表房屋建筑位于滑坡前缘，（c）代表房屋建筑位于滑坡两侧和后缘。建筑物无论是位于滑坡体上还是在滑坡附近，滑坡都会对其产生影响。建在不稳定斜坡体上的住宅和

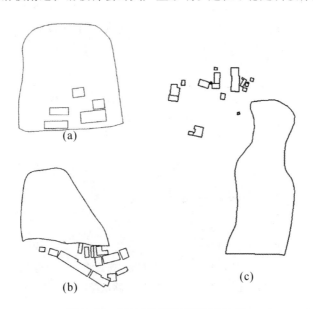

图 2-16　滑坡区域房屋建筑分布图

注：(a)房屋建筑位于滑坡上；(b)房屋建筑位于滑坡前缘；(c)房屋建筑位于滑坡后缘。

房屋，可能会因为滑坡遭受局部损坏或完全破坏，而在滑坡前缘的房屋建筑在发生滑坡时会受到冲击，造成房屋建筑的损坏和人员的伤亡。房屋建筑所处的位置影响着滑坡的稳定性程度，因而本书对滑坡与房屋建筑的位置关系进行了提取。

房屋建筑类别的不同也会导致滑坡的稳定性程度存在差异，相较于民房，商业建筑由于人员众多、经济价值高，因此受到滑坡影响更大。除此之外，本书还提取了滑坡范围内房屋面积和房屋与滑坡之间的距离作为滑坡的稳定性特征。滑坡范围内房屋的面积与人类活动的强度有关，而滑坡与房屋建筑的距离决定了房屋建筑是否处于滑坡的范围内，这些影响因子都与滑坡的稳定性有关。

（2）道路。

道路的开挖改变了边坡原有的地表形态和坡体的结构，降低了坡体的安全系数，容易在坡脚形成临空面，引起滑坡，造成严重的危害。道路在滑坡的不同位置对滑坡稳定性的影响不同。因此，本书从滑坡平面矢量图中提取了道路在滑坡范围内所处的位置、道路与滑坡之间的距离，还从滑坡的勘查文档中提取了道路的类型，这些特征可以很好地反映道路这个影响因子对滑坡稳定性的影响。

针对道路与滑坡的位置关系，本书提取了所有滑坡的道路数据。以本书提取滑坡道路数据为例，如图 2-17 所示，图片展示了两种滑坡与道路的位置关系。图 2-17（a）中，道路穿过了滑坡的后缘；图 2-17（b）中，道路并未穿过滑坡，而是从滑坡的前方和右侧通过。

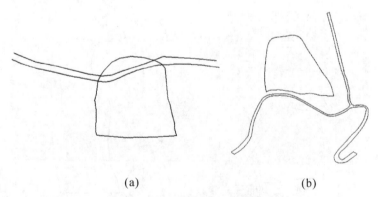

(a)   (b)

图 2-17　滑坡区域的道路图
（a）道路穿过滑坡；（b）道路从滑坡旁经过

道路与滑坡不同的位置关系对于滑坡的影响不同。当道路穿过滑坡时，由于道路开挖，改变了原有的边坡结构，对滑坡的稳定性会产生不利的影响。而当道路没有穿过滑坡时，对滑坡稳定性的直接影响较小。此时，道路与滑坡的距离与滑坡的稳定性有关，道路距离滑坡越近，滑坡受到人类工程活动的影响就越大，道路受到滑坡的威胁，滑坡的可能性会增大。

因此，本书对于道路没有位于滑坡范围内的滑坡，通过计算滑坡与道路的最短距离，将其作为影响因子并进行了数据提取。在滑坡勘查文档中，道路类型主要分为三类，按照道路的级别分为村道、县道和国道。这三类道路建设施工时对于滑坡的影响程度不同，道路的价值也不一样，本书提取了道路的类别作为滑坡的影响因子。

2.4.3 滑坡灾害体基本特征因子

2.4.3.1 高程

高程的高低影响着滑坡发生的频繁程度。对滑坡点所处高程进行统计，统计结果如图 2-18 所示，滑坡高程分布在 236~3 857 米。从图中可以看到，本书将滑坡所处的高程区间分为七个，大部分滑坡分布在高程较低的地方，高程低于 700 米的滑坡数量最多，之后随着高程的增加，滑坡数量不断减少，直到高程为 2 800 米左右时，滑坡数量才有所增加。总体上，滑坡数量和高程的变化趋势相反，高程较低的地方滑坡数量多于高程较高的地方。这是因为高程较高的地方人类活动较少，降雨量也低于高程较低的地区，滑坡形成的物质少；而高程较低的地方人类工程活动更为频繁，滑坡的组成物质较多、降雨量相对而言较大。

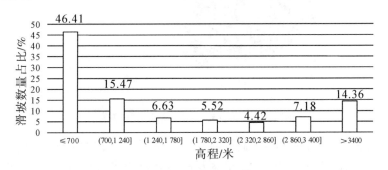

图 2-18 不同高程的滑坡数量统计

与之前许多研究不同的是，本书研究的对象是一个个的单体滑坡而非滑坡的区域研究。在数据上的体现就是对于区域性质的滑坡研究将滑坡看作一个点，将滑坡点所处位置的高程值作为滑坡的高程值，而本书是针对单个滑坡进行研究，滑坡是一个三维立体的对象，在滑坡范围内，高程值在滑坡的不同部位是不同的,需要考虑提取具有代表性的值来表示滑坡高程这个影响因子。

之前的数据提取中,已经对滑坡的高程数据进行了提取,提取的滑坡的高程值为滑坡的平均高程值,反映了滑坡所处的高程区间。平均高程只能粗略地反映滑坡的高程,根据所有滑坡的高程数据,我们对每个滑坡高程的其他数据进行了提取。下文以北川县国际村滑坡为例,展现了滑坡高程数据和数据提取情况。

北川县国际村滑坡的高程数据如图 2-19 所示。从滑坡的高程数据中可以看出,滑坡的各个部分的高程是不同的,滑坡的高程都有一个变化区间,滑坡后缘的高程大于滑坡前缘的高程。滑坡高程的变化区间就是该滑坡的高差,数值为该滑坡的最大高程值减去最小高程值。高差对滑坡稳定性影响巨大,高差较大的滑坡稳定性较差,且可能发生滑坡的物质也越多,造成的危害更大。因此,本书提取了滑坡高程数据中每个滑坡的最大值、最小值、最大值与最小值之差。

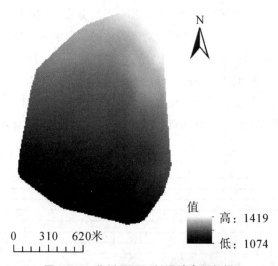

图 2-19 北川县国际村滑坡高程数据

从滑坡后缘到滑坡前缘,高程逐渐递减,沿滑坡方向的高程值反映了坡面的情况。本书提取了各个滑坡沿滑坡方向的相对高程变化的情况,以北川县国际村滑坡为例,如图 2-20 所示。

从图 2-20 中可以看出,滑坡不同部位的高程变化情况不同。滑坡高程的标准差反映了滑坡高程变化情况,本书对滑坡的标准差进行了提取。

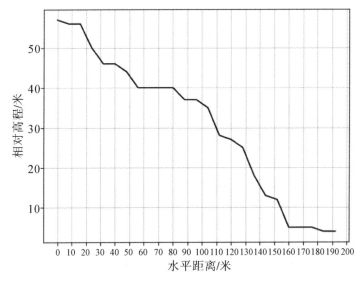

图 2-20　北川县国际村滑坡后缘到前缘高程的变化趋势图

综上，本书从每个滑坡的 DEM 提取的高程影响因子包括滑坡的平均高程、最大高程、最小高程、滑坡的高差以及高程的标准差，这些值反映了滑坡所处的高程区间以及滑坡范围内高程的变化情况。通过提取这些精细的影响因子，可以更好地刻画滑坡本身的情况。

2.4.3.2　坡度

坡度也是滑坡的重要影响因子，是对滑坡的稳定性进行评估的重要指标。坡度可以表征滑坡的陡缓情况，在进行野外地质灾害应急监测时，坡度大小可以很快得到，从而快速地对滑坡稳定性进行定性的评估。对滑坡的坡度进行统计分析，不同坡度范围内滑坡的个数存在明显差异。

如图 2-21 所示，从图中可以看到，在坡度小于 15°时，滑坡的个数较少。坡度低的地方地势较为平坦，斜坡的下滑力小，斜坡体稳定，不容易发生滑坡。大部分滑坡的坡度分布在 30°～40°的区间内，在 30°～35°的坡度区间内滑坡数量最多。坡度在 40°以上的滑坡数量也较少，其原因一方面是坡度增大时，坡体上的物质堆积能力会减弱，坡体上的风化堆积物会由于重力的作用向坡脚运动，另一方面是坡度较大的地方不利于人类耕种和活动，这些地方受人类的影响也较小。

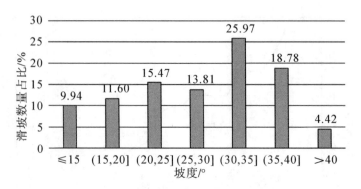

图 2-21　不同坡度范围内滑坡统计图

对于坡度，在滑坡的相关研究中大多只考虑了滑坡的平均坡度或者最大坡度，这些坡度数据对于滑坡个体而言，不能充分反映滑坡坡度的情况。因而，本书对每个滑坡的坡度数据进行了精细的特征提取。以北川县国际村滑坡为例，该滑坡的坡度数据如图 2-22 所示。

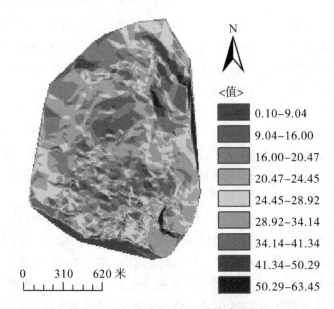

图 2-22　北川县国际村滑坡的坡度数据

从图 2-22 中可以看出，坡度在滑坡范围内的不同地方是不同的，而且差异很大。本书从坡度数据中提取了滑坡的最大坡度、最小坡度、坡度的标准差和最大最小坡度的差值来对滑坡坡度进行表示。

就本书数据中滑坡的坡度而言，滑坡坡度在滑坡范围内的不同部位是不相同的。坡度沿滑坡方向的变化直接影响着滑坡体内的应力分布，影响了滑坡的稳定性，从而对滑坡的稳定性产生相应的影响。坡度沿滑坡方向的变化反映了滑坡的陡缓情况，本书将所有滑坡沿滑坡方向的坡度提取出来，按照从滑坡后缘到滑坡前缘的方向，绘制坡度变化的图像，得到滑坡沿滑坡方向的坡度变化趋势。图 2-23 展示了北川县国际村滑坡坡度的变化趋势。

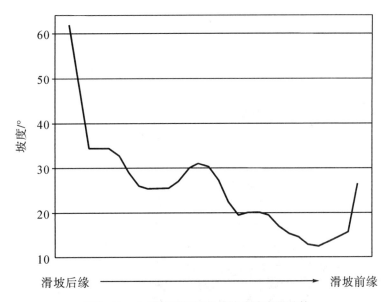

图 2-23　北川县国际村滑坡坡度的变化趋势

从图 2-23 可以看出，滑坡沿滑坡方向的坡度变化很大。滑坡的坡度变化很好地反映了滑坡的陡缓程度，不同位置的坡度对于滑坡的影响不同。如果滑坡前缘坡度较大的话，该滑坡前缘就容易有临空面的产生，不利于滑坡的稳定。

综上，本书提取了每个滑坡的最大坡度、最小坡度、平均坡度、坡度标准差、坡度最大值与最小值差值、后缘坡度、中部坡度、前缘坡度作为滑坡的坡度影响因子。

2.4.3.3　坡向

坡向和降水以及太阳辐射有着密切的关系。坡向的不同，不仅会造成不同坡向气候条件的差异，而且会对地貌、土壤、水文、植被等产生影响。这些因素都影响着滑坡的形成和发生，因而在对滑坡稳定性进行研究时也应考虑到坡向这个影响因子。

根据得到的数据，每个滑坡在一定的坡向内都有分布，并非只分布在一个坡向内。这与其他研究的数据有所不同，其他研究只考虑了滑坡整体的坡向，而本书还提取了滑坡各部分的坡向。每个滑坡的坡向数据由每个滑坡精细的DEM数据生成，因此一个滑坡范围内每个栅格点都有一个坡向值，相邻栅格的坡向值相同或接近，滑坡范围内相隔较远的栅格的坡向值差异可能较大。

根据坡向的划分，一共分为平面和八个方向。八个方向所对应的坡向值：北（0~22.5°、337.5°~360°）、东北（22.5°~67.5°）、东（67.5°~112.5°）、东南（112.5°~157.5°）、南（157.5°~202.5°）、西南（202.5°~247.5°）、西（247.5°~292.5°）和西北（292.5°~337.5°）。滑坡范围内有房屋和道路的存在，这些地方往往较为平坦，为水平的平面。平面的坡向值为-1。

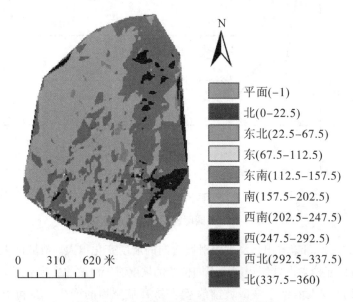

图 2-24　北川县国际村滑坡的坡向数据

以北川县国际村滑坡为例，该滑坡的坡向数据如图 2-24 所示，滑坡各个部分之间的坡向有些相同，而有些部分的坡向存在些许差异。从图 2-24 可以看到，一个滑坡的大部分区域的坡向相同，少数部位由于房屋建筑或者其他因素的影响，与滑坡的主要坡向不同。

本书对于滑坡坡向这个影响因子，每个滑坡除了提取主坡向以外，还分别收集滑坡在八个方向上坡向的占比作为滑坡的坡向分布特征。

曲率是坡面因子的一种，可以反映滑坡的地形特征。曲率一共分为两种，平面曲率和剖面曲率。剖面曲率描述了斜坡形状的形态特征，影响水流速度，反映了地表侵蚀和地表径流的形成。因此，本书将剖面曲率提取出来作为滑坡的地形影响因子。

剖面曲率是指地面上任意一点的坡度变化率，在坡度变化大的地方值比较大。在滑坡存在陡坎的地方，滑坡的剖面曲率较大，这在滑坡剖面上的表现就是剖面上的棱角等凸出的地方。曲率有正有负，正曲率对应的地表向上凸起，而负曲率对应位置的地表向下凹陷。

图 2-25　北川县国际村滑坡的曲率数据

以北川县国际村滑坡为例，该滑坡的剖面曲率数据如图 2-25 所示，从图中可以看出，滑坡曲率正负值都有，说明滑坡坡面凹凸不平。曲率值大的地方滑坡地形的起伏就大，这可能是人类工程活动造成的。而曲率值较小的地方，相对而言较为平坦。本书对于曲率这个地形因子，主要提取了曲率的均值、标准差、最大值、最小值以及正负曲率分别所占的比率。

2.4.3.5　滑坡平面形状

岩土性质、地质构造、边坡坡度等因素的不同，造就了不同滑坡的独特外形。滑坡的平面形状就是滑坡发育特征的一种体现，滑坡的平面形状决定了滑坡破坏的方式和范围等。本书提取了滑坡的平面形状，将滑坡平面形状的详细数据保存到 64×64 的二维数组中。由于样本数据量的限制，滑坡平面形状类型不宜过多，将滑坡形状进行分类，一共分为半圆、矩形、舌形和不规则形状四类，各类别的滑坡平面示意图如图 2-26 所示。

2.4.3.6　滑坡剖面形状

滑坡的剖面形态对于我们研究滑坡的稳定性具有十分重要的意义，在滑坡勘测和滑坡稳定性计算时，通常关注滑坡的坡面和滑动面的情况。滑坡的剖面形状可以反映滑坡的特征，不同类型的滑坡剖面形状存在显著差异，如图 2-26

所示。滑坡分为土质滑坡和岩质滑坡。土质滑坡的滑体是由土或者松散堆积物构成的，当滑坡发生时，土质往往沿着岩土分界面向下滑落，滑面呈现曲线。而岩质滑坡的滑面形状则不同。由于岩石呈整体块状，只能沿着相同的方向下滑，这样使得岩石边坡的滑面是直线或者折线。

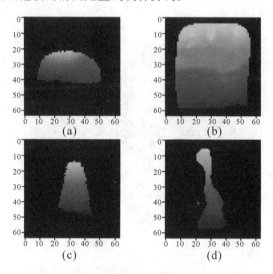

图 2-26　滑坡的平面形状

（a）半圆形；（b）矩形；（c）舌形；（d）不规则形状

本书收集并提取了所有滑坡的剖面数据，按照滑面形状的不同，主要将滑坡的滑动面分为两类，以两个滑坡剖面数据为例，如图 2-27 所示，图片左边所示的滑动面为曲线，图片右边所示的滑坡的滑动面为直线。

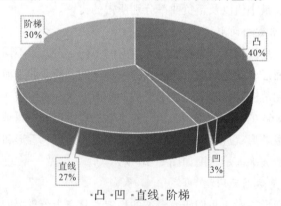

图 2-27　滑坡的剖面形状

滑坡坡面的变化反映了坡面的形态，根据滑坡的剖面图，按照滑坡野外调查表中对滑坡坡面类别的划分，将滑坡坡面形状分为阶梯形、凸形、凹形和直线形，四种类型的滑坡数量分布如图2-28所示。由图2-28可知，凸形坡面的滑坡明显多于凹形坡面的滑坡，坡面形状对于滑坡有很大影响。因而，本书将滑坡的剖面形状作为影响因子进行了提取。

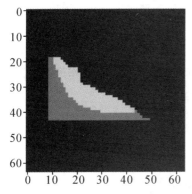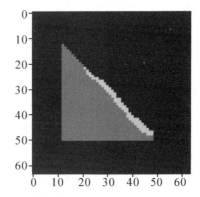

图 2-28　不同坡形的滑坡数量

2.4.3.7　破坏方式

滑坡的破坏类型多种多样，根据滑坡的受力状态，主要分为牵引式和推移式滑坡，也有兼具两者特点的复合式滑坡。牵引式滑坡是由于滑坡前缘失稳导致的由前至后的变形破坏，推移式滑坡是由于滑坡的后缘收到应力的作用下产生的从后到前的变形破坏，而复合式滑坡的变形破坏是由前后到中间的。牵引式滑坡的阻滑段位于滑坡前缘，当人工开挖或者河流冲刷坡脚时，滑坡前缘的临空高度增加，会产生临空面，这时由于剪切力会导致滑坡前缘变形，滑坡前缘变形会对其后部产生牵引下滑的作用。推移式滑坡是滑坡后缘率先发生变形，多是因为坡后常年加载导致的，后缘滑体载荷不断累积触发滑坡后缘的变形，应力向前累积，推动滑坡下滑，当滑坡前缘的抗滑力不足以抵消滑坡整体的下滑力时，滑动面贯通，整个滑坡下滑。复合式滑坡的变形始于滑坡前缘和后缘，当滑动面由前后至滑坡中部贯通时，滑坡整体开始滑移。滑坡预防和治理对于不同的破坏方式区别很大，因此，明确滑坡的破坏方式对于滑坡稳定性的研究尤为重要。

本书从滑坡勘查数据中收集了滑坡的破坏方式，将其作为影响因子，研究不同破坏方式的滑坡对于滑坡稳定性的影响。

2.4.3.8　裂缝情况

由于河谷下切或者坡脚开挖，经常会造成自然斜坡牵引式滑动，滑坡前缘、中部、后缘以及滑坡侧面都有可能形成拉张裂缝。滑坡裂缝和滑坡发育的阶段也存在着对应关系。根据力学的破坏机制和裂缝分期配套规律，滑坡在不同阶段的裂缝情况不同。

地表水和地下水可以通过裂缝更容易地渗透到岩土分界面，软化滑面物质，对滑坡的稳定性非常不利。已有研究表明，裂缝发育与滑坡失稳呈现正相关的关系。在实际的经验中，裂缝的存在以及发育情况可以作为滑坡稳定性情况的判断依据和具体滑坡规模的参照，并且当裂缝分布在房屋建筑区域时，对人们的生命和财产造成了巨大的威胁。

本书提取了滑坡裂缝的数量以及分布的位置的数据，将其作为影响因子，加入滑坡稳定性的相关研究中。

2.4.4 滑坡威胁对象及稳定性趋势因子

滑坡治理工程的重要性等级可以根据滑坡灾害可能造成的经济损失和威胁对象等因素，按表2-3进行划分，其中威胁对象包括威胁人数与威胁设施。在研究滑坡治理工程时，对滑坡的威胁对象进行研究分析十分有必要，滑坡威胁对象特征也是滑坡治理工程研究方面的重要特征。

表2-3 滑坡治理工程重要性等级划分表

滑坡治理工程等级		特级	Ⅰ级	Ⅱ级	Ⅲ级
威胁对象	威胁人数/人	≥5 000	≥500 且<5 000	≥100 且<500	<100
	威胁设施	非常重要	重要	较重要	一般

如图2-29所示，从收集到的数据中，可以看出，威胁人数少于100人的占比56%，占比最大；威胁人数多于100人少于500人的占比43%，次之；威胁人数多余500人的滑坡工程，占比最小。

滑坡稳定性分析是滑坡治理工程的首要工作，在进行滑坡治理工程研究的时候，必须要对滑坡的稳定性进行分析研究。传统的滑坡稳定性评价是根据滑动面类型和物质组成选用恰当的方法，并可参考数值模拟分析结果。

堆积层（土质）滑坡，包括两种滑动面类型：

（1）折线形滑动面。折线形滑动面用传递系数法进行稳定性评价和推力计算，可用摩根斯顿-普莱斯法等方法进行校核。

（2）圆弧形滑动面。圆弧形滑动面用毕肖普法进行稳定性评价和推力计算，可用摩根斯顿-普赖斯法等方法进行校核。

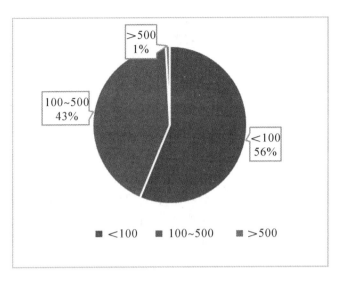

■ <100　■ 100~500　■ >500

图 2-29　威胁人数特征分布

岩质滑坡，包括三种滑动面类型：

（1）折线形滑动面。折线形滑动面用传递系数法进行稳定性评价和推力计算，可用摩根斯顿-普赖斯法等方法进行校核。

（2）单一平面滑动面。单一平面滑动面用二维块体极限平衡法进行稳定性评价和推力计算。

（3）多组弱面组合滑动面。多组弱面组合滑动面用二维极限平衡法进行稳定性评价和推力计算，宜用三维极限平衡分析方法进行校核。

本书采用了新的方法——机器学习的方法对滑坡的稳定性评价进行了研究，也得到了较满意的结果，具备了快速获得滑坡稳定性评价结果，快速辅助决策的功能。在滑坡治理定性推荐及定量推荐方面，本书采用机器算法得到的滑坡稳定性分析结果作为稳定性评价特征，输入模型中进行训练。

2.4.5　滑坡其他条件因子

在本书中，除了以上影响因子，我们还考虑到了更多的影响因子，如植被、环保要求、滑坡区所在市区的经济条件及生活物价水平等特征因子。这些特征因子，有的对滑坡稳定性评价有较大的影响，如植被，有的对滑坡治理定性推荐与定量推荐有较大的影响，如滑坡治理工程的环保要求，所在区域的经济水平、物价水平等。

2.4.5.1 植被

滑坡区域植被覆盖的情况影响着滑坡的发生。植被不仅对周围环境起着水土保持的作用，还能涵养水源、调节气候。植被发育良好、覆盖率高的地方，地质灾害的发生较少。大量的研究结果显示，归一化植被指数（normalized difference vegetation index，NDVI）与植被覆盖度有较高程度的相关性。滑坡所在区域的 NDVI 值越高，表示滑坡区域的植被覆盖率越高。

四川省动植物资源丰富，植被覆盖率也高于全国平均水平。

2.4.5.2 环保要求

在滑坡治理工程方面，要结合环保要求，制定符合滑坡治理项目要求的设计方案，应减少对环境的破坏，采取岩土工程措施与植被保护措施相结合的方法。我们充分考虑到当地环保要求，从滑坡勘察设计文档中提取到了有关环保方面的描述，并形成了分类特征，作为治理措施推荐模型的输入特征。

2.4.5.3 经济及物价水平

滑坡治理工程定量推荐部分，需要对滑坡的总成本进行推荐研究。在总成本方面，我们充分考虑到了滑坡区所在市州的经济条件及物价水平，四川省各市州的总地区生产总值和人均地区生产总值如图 2-30、图 2-31 所示。

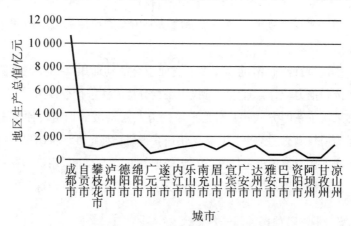

图 2-30　四川省各市州 2010—2019 年平均的总地区生产总值

（数据来源：数位观察网站 https://www.swguancha.com）

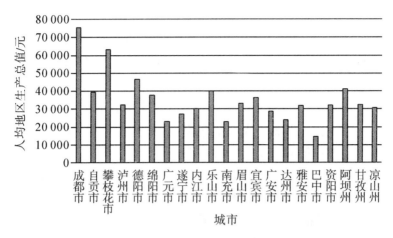

图 2-31　四川省各市州 2010—2019 年人均地区生产总值

（数据来源：数位观察网站 https://www.swguancha.com）

2.5　常见机器学习算法介绍

2.5.1　支持向量机

支持向量机（support vector machine，SVM），是目前较为成熟和性能较好的一种机器学习算法。SVM 算法通过寻找两类特征空间的最广泛的分类边界，来解决非线性的分类问题。

支持向量机是一种二类分类模型。它的基本模型是定义在特征空间上的间隔最大的线性分类器，间隔最大使它有别于感知机；支持向量机还包括核技巧（kernel trick），这使它成为实质上的非线性分类器。支持向量机的学习策略就是间隔最大化，可形式化为一个求解凸二次规划（convex quadratic programming）的问题，也等价于正则化的合页损失函数的最小化问题。支持向量机的学习算法是求解凸二次规划的最优化算法。

支持向量机学习方法包括构建由简至繁的模型：线性可分支持向量机（linear support vector machine in linearly separable case）、线性支持向量机（linear support vector machine）及非线性支持向量机（non-linear support vector machine）。简单的模型是复杂模型的基础，也是复杂模型的特殊情况。当训练数据线性可分时，通过硬间隔最大化（hard margin maximization），学习一个线性的分类器，即线性可分支持向量机，又称为硬间隔支持向量机；当训练数据近似线性可分时，通过软间隔最大化（soft margin maximization），也学习一个线性的分类器，即线性支持向量机，又称为软间隔支持向量机；当训练数据线性不可分时，通过使用核技巧及软间隔最大化，学习非线性支持向量机。

当输入空间为欧式空间或离散集合、特征空间为希尔贝特空间时，核函数（kernel function）表示将输入从输入空间映射到特征空间得到的特征向量之间的内积。通过使用核函数可以学习非线性支持向量机，等价于隐式地在高维的特征空间中学习线性支持向量机。这样的方法称为核技巧。核方法（kernel method）是比支持向量机更为一般的机器学习方法。

假设输入空间和特征空间为两个不同的空间，输入空间为欧氏空间或离散集合，特征空间为欧氏空间或希尔伯特空间。线性可分支持向量机、线性支持向量机假设这两个空间的元素一一对应，并将输入空间中的输入映射为特征空间中的特征向量。非线性支持向量机利用一个从输入空间到特征空间的非线性映射将输入映射为特征向量。所以，输入都由输入空间转换到特征空间，支持向量机的学习是在特征空间进行的。

一般地，当训练数据集线性可分时，存在无穷多个分离超平面可将两类数据正确分开。感知机利用误分类最小的策略，求得分离超平面，不过这时的解有无穷多个。线性可分支持向量机利用间隔最大化求最优分离超平面，这时，解是唯一的。

SVM 算法把在低维空间无法进行分类的样本经过一个非线性变换，将其映射到维数更高的特征空间，原来无法分类的样本在高维空间中就变得线性可分。SVM 算法通过计算，得到一个超平面，让不同类别的样本之间的距离达到最大，这个平面就是分类面。

在滑坡样本中，原始样本可能并不存在一个能正确分类的线性超平面。SVM 算法示意图如图 2-32 所示：H_1 不能把两类样本区分开，H_2 和 H_3 可以将两类区分开来，但是 H_2 和 H_3 分类的两类别的间隔是不同的，H_2 只有很小的分类间隔，H_3 以最大间隔将两类别区分开来，因此，H_3 就是 SVM 算法的分类面。

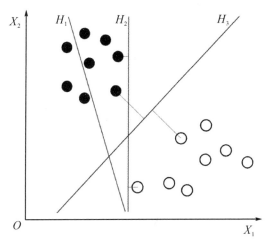

图 2-32　SVM 算法示意图

2.5.2　XGBoost

XGBoost 属于 Boosting 方法。GBDT（gradient boosting decision tree）是 Boosting 中的一类算法，XGBoost 和 LightGBM 都是 GBDT 算法或者是工程的实现。

Boosting 算法在构建分类模型时是串行的，各个基分类器之间存在依赖关系。Boosting 算法根据损失函数的负梯度信息来训练新加入的分类器，并将新的训练好的分类器以累加的形式加入模型中。

GDBT 是基于 Boosting 的算法，GDBT 进行了多次迭代，在每一次迭代中，计算现有模型在样本上的负梯度，根据负梯度的值来训练一个新的分类器进行拟合，再计算出新训练分类器的权重，将新的分类器加入当前的模型中，对模型进行更新。

XGBoost 实现了 GBDT 算法，相较于传统的 GBDT 算法，XGBoost 可以通过泰勒级数展开来处理高阶的损失函数。与 GBDT 相比，XGBoost 支持包括 CART 在内的多种类型的基分类器。GBDT 在迭代时使用全部的数据，XGBoost 支持对数据进行采样。XGBoost 方法也被应用于处理稀疏数据，实现分布式并行计算。

XGBoost 算法的基本流程如图 2-33 所示，具体算法如下：

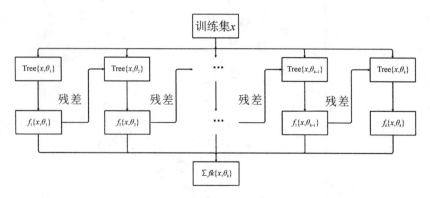

图 2-33　XGBoost 算法示意图

定义单棵决策树的输出如式 2-24 所示：

$$f(x) = \omega_{q(x)}, \quad \omega \in R^T, \quad q: R^d \to \{1, 2, \cdots, T\} \qquad (\text{式 }2\text{-}24)$$

其中，ω 表示每个索引号对应的叶子的分数，q 表示树的结构，x 表示输入向量，$q(x)$ 表示把输入映射到叶子的索引号，树中叶结点的数量用 T 来表示，特征维数则用 d 来表示。

XGBoost 算法对 K 棵决策树进行集成，集成后的输出 y_i 为

$$y_i = \sum_{k=1}^{K} f_k(x_i) \qquad (\text{式 }2\text{-}25)$$

根据决策树的模型，单棵决策树的复杂度 $\Omega(f_k)$ 为

$$\Omega(f_k) = \gamma T + \frac{1}{2}\lambda \parallel \omega \parallel^2 \qquad (\text{式 }2\text{-}26)$$

根据单棵决策树的复杂度计算式 2-26，推导出多棵决策树集成起来的集成树的复杂度为

$$\Omega(f_k) = \gamma T + \frac{1}{2}\lambda \sum_{j=1}^{T} \omega_j^2 \qquad (\text{式 }2\text{-}27)$$

式 2-26 和式 2-27 中，γ 的值代表学习速率，取值范围为 0 到 1。T 代表叶结点的数目。γ 乘以 T 的作用是修剪生成树，这样可以防止过拟合的发生。λ 是正则化参数，ω 是叶子的权重。

一次性将所有的决策树参数都学习完是比较困难的，由于 Boosting 算法是串行的，可以利用可加性的策略来进行学习。每一次的学习都从第一棵树开始，直到最后一棵树为止。

因此，在第 t 步，XGBoost 算法的目标函数的迭代如式 2-28 所示：

$$J^{(t)} = \sum_{i=1}^{n} L(y_i, \hat{y}_i) + \sum_{k=1}^{t} \Omega(f_k) \qquad (式2-28)$$

式 2-28 中，L 为误差函数，y_i 和 $\hat{y}_i$ 分别是真实值和评价值，表示 y_i 和 $\hat{y}_i$ 的误差之和。$\sum_{k=1}^{t} \Omega(f_k)$ 表示单棵决策树的复杂度之和。$\hat{y}^t$ 和 $\hat{y}^{t-1}$ 之间的函数关系为 $\hat{y}^t = \hat{y}^{(t-1)} + f_t(x_i)$，其中 $f_t(x_i)$ 为第 t 轮需要学习的决策树。因此，式 2-28 中的目标函数可以转化为

$$O^{(t)} = \sum_{i=1}^{n} L(y_i, \hat{y}_i) + \sum_{k=1}^{t} \Omega(f_k) = \sum_{i=1}^{n} L(y_i, \hat{y}_i^{(t-1)} + f(x_i)) + \sum_{k=1}^{t} \Omega(f_k)$$

$$(式2-29)$$

接下来要做的就是确定决策树的结构，使用贪心生长树的方法进行决策树的分裂，遍历所有的特征，寻找最优特征分裂结果。当树的深度达到一定的值或者决策树不能继续分裂时，停止分裂。通过比较分列前后的最小目标函数值，其中增益最大的点就是最优的点，其对应的特征就是最优的特征。

2.5.3 LightGBM

LightGBM（light gradient boosting machine）和 XGBoost 类似，都是基于 Boosting 的方法，实现了 GBDT 算法。在 LightGBM 提出之前，最著名的 GBDT 工具就是 XGBoost。由于 XGBoost 算法空间和时间上消耗较大，特征对梯度的访问是随机的，无法对 Cache 进行优化，为了避免上述 XGBoost 的缺陷，微软提出 LightGBM 对 XGBoost 进行了改进。

优化的地方主要包括：基于 Histogram 的决策树算法，带深度限制的 Leaf-wise 的叶子生长策略，直方图做差加速，直接支持类别特征（categorical feature），Cache 命中率优化，基于直方图的稀疏特征优化，多线程优化。

直方图（histogram）算法的基本思想是先把连续的浮点特征值离散化成 k 个整数，其实又是分桶的思想，而这些桶称为 bin，比如 $[0, 0.1) \rightarrow 0$，$[0.1, 0.3) \rightarrow 1$，同时构造一个宽度为 k 的直方图。在遍历数据的时候，根据离散化后的值作为索引在直方图中累积统计量，当遍历一次数据后，直方图累积了需要的统计量，然后根据直方图的离散值，遍历寻找最优的分割点。

直方图算法不仅不需要额外存储预排序的结果，而且可以只保存特征离散化后的值，而这个值一般用 8 位整型存储就足够了，内存消耗可以降低为原来的 1/8。直方图算法在计算上的代价也大幅降低，预排序算法每遍历一个特征值就需要计算一次分裂的增益，而直方图算法只需要计算 k 次（k 可以认为是常数），时间复杂度从 O（#data#feature）优化到 O（k#features）。

在 XGBoost 中，树是按层生长的，称为 Level-wise tree growth，同一层的所有节点都做分裂，最后剪枝。Level-wise（按层生长）过一次数据可以同时分裂同一层的叶子，容易进行多线程优化，也好控制模型复杂度，不容易过拟合。但实际上 Level-wise 是一种低效的算法，因为它不加区分地对待同一层的叶子，带来了很多没必要的浪费，因为实际上很多叶子的分裂增益较低，没必要进行搜索和分裂。在 Histogram 算法之上，LightGBM 进行了进一步的优化。它抛弃了大多数 GBDT 工具使用的按层生长的决策树生长策略，而使用了带有深度限制的按叶子生长算法。

Leaf-wise（按叶子生长）则是一种更为高效的策略，每次从当前所有叶子中，找到分裂增益最大的一个叶子，然后分裂，如此循环。因此，同 Level-wise 相比，在分裂次数相同的情况下，Leaf-wise 可以降低更多的误差，得到更好的精度。Leaf-wise 的缺点是可能会长出比较深的决策树，产生过拟合。因此 LightGBM 在 Leaf-wise 之上增加了一个最大深度的限制，在保证高效率的同时防止过拟合。

LightGBM 的另一个优化是 Histogram 做差加速。一个容易观察到的现象：一个叶子的直方图可以由它的父亲节点的直方图与它兄弟的直方图做差得到。通常构造直方图，需要遍历该叶子上的所有数据，但直方图做差仅需遍历直方图的 k 个桶。

利用这个方法，LightGBM 可以在构造一个叶子的直方图后，用非常微小的代价得到它兄弟叶子的直方图，并且在速度上提升一倍。

实际上大多数机器学习工具都无法直接支持类别特征，一般需要把类别特征转化到多维的 0/1 特征，这样降低了空间和时间的效率。而类别特征的使用在实践中很常用。基于这个考虑，LightGBM 优化了对类别特征的支持，可以直接输入类别特征，不需要额外的 0/1 展开，并在决策树算法上增加了类别特征的决策规则。在 Expo 数据集上的实验，相比 0/1 展开的方法，训练速度可以加速 8 倍，并且精度一致。据我们所知，LightGBM 是第一个直接支持类别特征的 GBDT 工具。

LightGBM 是基于直方图的算法，其基本思想是离散化连续的数据，之后进行数据的遍历，根据离散化后的值，在直方图统计累积量。最优的分割点通过遍历离散化后的数据来寻找。直方图算法使得 LightGBM 算法占用的内存更小，计算代价更小。LightGBM 采用了带有深度限制的按叶子生长算法。这样既保证了高效率，还有效地防止了过拟合。LightGBM 采用单边梯度采样 GOSS（gradient-based one-side sampling）的方法，遍历所有特征值节省了不少时间

和空间上的开销。LightGBM 算法还直接支持类别特征，支持高效并行，Cache
命中率优化。

2.5.4 随机森林

随机森林（random forest，RF）算法指的是利用多棵决策树对样本进行训
练并预测。随机森林基本的组成结构是决策树，决策树的结构类似一棵树，具
有分支和节点，树枝的根部节点相当于对该数据的一种判断，树枝就是对这个
数据的方法计算，叶子就是对这个数据属性类别的判断结果。RF 是依靠集成
学习的一种算法，它的算法思路是通过许多决策树叶子节点的判断结果的平均
值来决定最终的回归结果，如图 2-34 所示。

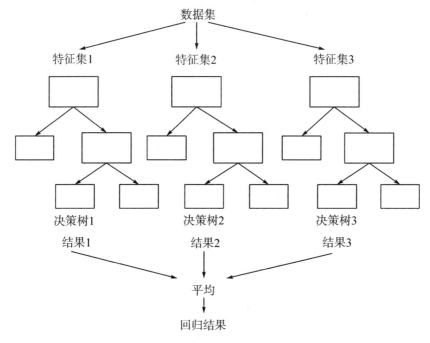

图 2-34 随机森林模型

集成学习是指通过集成很多组模型对数据进行学习的结果来实现对数据的
分类或回归。集成学习建立类似的很多组模型，分别对一些数据进行训练，得
到这些模型各自对数据的判断，这些预测判断最后根据投票选择或平均来形成
单个预测判断，会比只使用一个模型做出的判断更为准确。

其中 RF 每棵决策树的生成规则如下：

（1）对这些决策树模型，都要有不一样的数据集进行训练，主要采用的

是有放回的采样，选取跟原始数据集相同数量的数据形成新的数据集。

（2）每个决策树模型也要有不一样的分类结果，主要采用的是选择其中一部分分类别作为结果进行训练。

（3）每棵决策树模型都可以长得很长，不需要去除其中的一些分类结果。

RF 具有以下几个优点：

（1）在良好的数据集上的表现相对较好，由于有放回的取样，所以模型不容易陷入过拟合。

（2）它可以自动进行特征选择，对复杂的数据同样能实现高精度的训练。

（3）算法实现比较简单，训练速度较快。

同时也有以下几个缺点：

（1）在噪音较大、数据质量较差的数据集上，还是会产生过拟合。

（2）数据类别不均衡的数据集对 RF 算法模型的结果有较大影响。

2.5.5 KNN

近邻算法，或者说 K 最近邻（K-nearest neighbor，KNN）分类算法是数据挖掘分类技术中最简单的方法之一。所谓 K 最近邻，就是 K 个最近的邻居的意思，说的是每个样本都可以用它最接近的 K 个邻近值来代表。近邻算法就是将数据集合中的每一个记录进行分类的方法。见图 2-35。

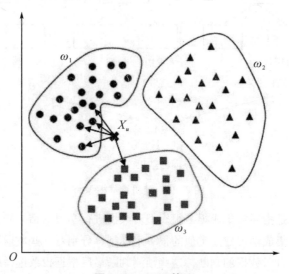

图 2-35 KNN 算法

KNN 算法的核心思想是，如果一个样本在特征空间中的 K 个最相邻的样本中的大多数属于某一个类别，那么该样本也属于这个类别，并具有这个类别上样本的特性。该方法在确定分类决策上只依据最邻近的一个或者几个样本的类别来决定待分样本所属的类别。KNN 方法在类别决策时，只与极少量的相邻样本有关。因为 KNN 方法主要靠周围有限的邻近的样本，而不是靠判别类域的方法来确定所属类别，所以对于类域的交叉或重叠较多的待分样本集来说，KNN 方法较其他方法更为适合。

总体来说，KNN 分类算法包括以下四个步骤：

（1）准备数据，对数据进行预处理。

（2）计算测试样本点（也就是待分类点）到其他每个样本点的距离。

（3）对每个距离进行排序，然后选择出距离最小的 K 个点。

（4）对 K 个点所属的类别进行比较，根据少数服从多数的原则，将测试样本点归入在 K 个点中占比最高的那一类。

2.5.6 推荐算法

推荐算法大致可以分为三类：基于协同过滤的推荐算法、基于内容的推荐算法和基于邻域的推荐算法。

2.5.6.1 基于协同过滤的推荐算法

基于协同过滤的推荐算法（collaborative filtering recommendation）技术是推荐系统中应用最早和最为成功的技术之一。它一般采用最近邻技术，利用用户的历史喜好信息计算用户之间的距离，然后利用目标用户的最近邻居用户对商品评价的加权评价值来预测目标用户对特定商品的喜好程度，从而根据这一喜好程度来对目标用户进行推荐。基于协同过滤的推荐算法最大优点是对推荐对象没有特殊的要求，能处理非结构化的复杂对象，如音乐、电影。基于协同过滤的推荐算法是基于这样的假设：为一用户找到他真正感兴趣的内容的好方法是首先找到与此用户有相似兴趣的其他用户，然后将他们感兴趣的内容推荐给此用户。其基本思想非常易于理解，在日常生活中，人们往往会利用好朋友的推荐来进行一些选择。基于协同过滤的推荐算法正是把这一思想运用到电子商务推荐系统中来，基于其他用户对某一内容的评价来向目标用户进行推荐。基于协同过滤的推荐系统可以说是从用户的角度来进行相应推荐的，而且是自动的，即用户获得的推荐是系统从购买模式或浏览行为等隐式获得的，不需要用户努力地找到适合自己兴趣的推荐信息，如填写一些调查表格等。它是建立在项目的内容信息上做出推荐的，而不需要依据用户对项目的评价意见，更多地需要用机器学习的方法从关于内容的特征描述的事例中得到用户的兴趣资料。

基于协同过滤的推荐算法具有如下优点：

（1）能够过滤难以进行机器自动内容分析的信息，如艺术品、音乐等。

（2）共享其他人的经验，避免了内容分析的不完全和不精确，并且能够基于一些复杂的、难以表述的概念（如信息质量、个人品位）进行过滤。

（3）有推荐新信息的能力。基于协同过滤的推荐算法可以发现内容上完全不相似的信息，用户对推荐信息的内容事先是预料不到的。这也是基于协同过滤的推荐算法和基于内容的推荐算法一个较大的区别，基于内容的推荐算法很多都是用户本来就熟悉的内容，而基于协同过滤的推荐算法可以发现用户潜在的但其本人尚未发现的兴趣偏好。

（4）能够有效地使用其他相似用户的反馈信息，减少用户的反馈量，加快个性化学习的速度。

2.5.6.2 基于内容的推荐算法

基于内容的推荐算法是在推荐引擎出现之初应用最为广泛的推荐机制，它的核心思想是根据推荐物品或内容的元数据，发现物品或者内容的相关性，然后基于用户以往的喜好记录，推荐给用户相似的物品。

在基于内容的推荐系统中，项目或对象是通过相关特征的属性来定义的，系统基于用户评价对象的特征、学习用户的兴趣，考察用户资料与待预测项目的匹配程度。用户的资料模型取决于所用的学习方法，常用的有决策树、神经网络和基于向量的表示方法等。基于内容的用户资料需要有用户的历史数据，用户资料模型可能随着用户的偏好改变而发生变化。基于内容的推荐与基于人口统计学的推荐有类似的地方，只不过系统评估的中心转到了物品本身，使用物品本身的相似度而不是用户的相似度来进行推荐。

这种推荐系统多用于一些资讯类的应用上，针对文章（电影音乐）本身抽取一些标签（tag）作为其关键词，继而可以通过这些标签来评价两篇文章的相似度。

这种推荐系统的优点在于：

（1）易于实现，不需要用户数据，因此不存在稀疏性和冷启动问题。

（2）基于物品本身特征推荐，因此不存在过度推荐热门的问题。

然而，这种推荐系统的缺点在于：

（1）抽取的特征既要保证准确性又要具有一定的实际意义，否则很难保证推荐结果的相关性。豆瓣网采用人工维护标签的策略，依靠用户去维护内容的标签的准确性。

（2）推荐的条目（item）可能会重复。

2.5.6.3　基于邻域的推荐算法

基于邻域的推荐算法是推荐系统中最基本的算法，该算法在实际应用中得到了广泛的应用，亚马逊的推荐算法就是基于邻域的算法。基于邻域的算法分为两大类，一类是基于用户的协同过滤算法，这种算法给用户推荐和他兴趣相似的其他用户喜欢的物品；另一类是基于物品的协同过滤算法，这种算法给用户推荐和他之前喜欢的物品相似的物品。

（1）基于用户的协同过滤算法。

该算法的主要步骤：

①找到与该用户兴趣相似的用户集；

②找到这个集合中的用户喜欢的但是没有听说过的物品推荐给目标用户。

用户的相似度可以用如下公式计算：

$$w_{uv} = \frac{|N(u) \cap N(v)|}{\sqrt{|N(u)||N(v)|}}$$
（式 2-30）

其中 u，v 表示两个用户，$N(u)$ 表示用户 u 曾经有过正反馈的物品集合；$N(v)$ 表示用户 v 曾经有过正反馈的物品集合。因为大多数用户的兴趣相似度可能为 0，即 $|N(u) \cap N(v)| = 0$，所以我们可以建立一个物品到用户的倒排表。

最后我们就可以给用户推荐和他兴趣相似的其他用户喜欢的物品：

$$p(u, i) = \sum_{v \in S(u, K) \cap N(i)} w_{uv} r_{vi}$$
（式 2-31）

其中，$p(u, i)$ 是用户 u 对物品 i 的感兴趣程度，$S(u, K)$ 包含和用户兴趣最接近的 K 个用户，$N(i)$ 是对物品 i 有过行为的用户集合，w_{uv} 是用户 u 和 v 的兴趣相似度，r_{vi} 代表用户 v 对物品 i 的兴趣，因为使用的是单一的隐反馈数据，所以所有的 $r_{vi} = 1$。

（2）基于物品的协同过滤算法。

基于物品的协同过滤（item-based collaborative filtering）算法是目前使用最多的算法。亚马逊、奈飞（Netflix）等推荐算法的基础都是该算法。基于物品的协同过滤算法主要分为两步：

①计算物品间的相似度；

②根据物品的相似度和用户的历史行为给用户生成推荐列表。

和基于用户的协同过滤算法相似，我们也需要建立一个用户到物品的倒排表，物品 i 和物品 j 的相似度可以用同时喜欢物品 i 和 j 的用户数，即 $|N(i) \cap N(j)|$，除以 $\sqrt{|N(i)||N(j)|}$ 得到。并且可以计算用户 u 对一个物品 i 的感兴趣程度。

2.5.7 DNN 双塔模型算法

DNN 双塔模型结构如图 2-36 所示。用户侧和 Item 侧分别构建多层 DNN 模型，最后输出一个多维 Embedding（嵌入），分别作为该用户和文章的低维语义表征，然后通过相似度函数如余弦相似度来计算两者的相关性，通过计算与实际 label（标签）的损失，进行后向传播优化网络参数。

原则上，Context 上下文特征可以放入用户侧塔。对于这两个塔本身，则是经典的 DNN 模型，从特征 OneHot 到特征 Embedding，再经过几层 MLP 隐层，两个塔分别输出用户 Embedding 和 Item Embedding 编码。在训练过程中，User Embedding 和 Item Embedding 做内积或者 Cosine 相似度计算（注：Cosine 相当于在对 User Embedding 和 Item Embedding 做内积的基础上，进行了两个向量模长归一化，只保留方向一致性不考虑长度），使得用户和正例 Item 在 Embedding 空间更接近，和负例 Item 在 Embedding 空间距离拉远。损失函数则可用标准交叉熵损失，将问题当作一个分类问题，或者类似 DSSM 采取 BPR 或者 Hinge Loss，将问题当作一个表示学习问题。

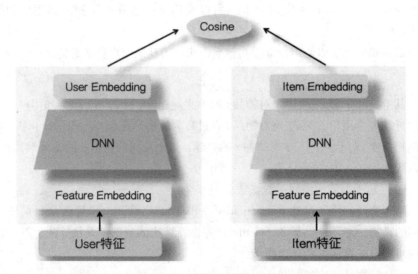

图 2-36 DNN 双塔模型结构

3 滑坡成因、分类及分布规律

3.1 滑坡的成因

山体滑坡是一种较为常见的地质灾害，其所可能造成的后果相当严重，危害巨大。因此我们必须客观认识山体滑坡的组成、形成原因等，并加强治理，尽量防止和避免山体滑坡的发生。

首先，滑坡的组成包括：

（1）滑坡体。滑坡体指滑坡的整个滑动部分，简称滑体。

（2）滑坡壁。滑坡壁指滑坡体后缘与不动的山体脱离开后，暴露在外面的壁状分界面。

（3）滑动面。滑动面指滑坡体沿下伏不动的岩、土体下滑的分界面，简称滑面。

（4）滑动带。滑动带指平行滑动面受揉皱及剪切的破碎地带，简称滑带。

（5）滑坡床。滑坡床指滑坡体滑动时所依附的下伏不动的岩、土体，简称滑床。

（6）滑坡舌。滑坡舌指滑坡前缘形如舌状的凸出部分，简称滑舌。

（7）滑坡台阶。滑坡台阶指滑坡体滑动时，由于各种岩、土体滑动速度差异，在滑坡体表面形成台阶状的错落台阶。

（8）滑坡周界。滑坡周界指滑坡体和周围不动的岩、土体在平面上的分界线。

（9）滑坡洼地。滑坡洼地指滑动时滑坡体与滑坡壁间拉开，形成的沟槽或中间低四周高的封闭洼地。

（10）滑坡鼓丘。滑坡鼓丘指滑坡体前缘因受阻力而隆起的小丘。

（11）滑坡裂缝。滑坡裂缝指滑坡活动时在滑体及其边缘所产生的一系列裂缝。拉张裂缝位于滑坡体上（后）部多呈弧形展布；剪切裂缝位于滑体中部两侧，滑动体与不滑动体分界处；羽状裂缝是剪切裂缝两侧又常伴有羽毛状排列的裂缝；鼓张裂缝是滑坡体前部因滑动受阻而隆起形成的张裂缝；扇状裂缝位于滑坡体中前部，尤其在滑舌部位呈放射状展布。

以上滑坡诸要素只有在发育完全的新生滑坡才同时具备，并非任一滑坡都具有。

产生滑坡的基本条件是斜坡体前有滑动空间，两侧有切割面。例如，中国西南地区，特别是西南丘陵山区，最基本的地形地貌特征就是山体众多，山势险峻，土壤结构疏松，易积水，沟谷河流遍布于山体之中，与之相互切割，因而形成众多的具有足够滑动空间的斜坡体和切割面，广泛存在滑坡发生的基本条件，滑坡灾害相当频繁。

从斜坡的物质组成来看，具有松散土层、碎石土、风化壳和半成岩土层的斜坡抗剪强度低，容易产生变形面下滑；坚硬岩石中由于岩石的抗剪强度较大，能够经受较大的剪切力而不变形滑动。但是如果岩体中存在着滑动面，特别是在暴雨之后，水在滑动面上的浸泡，会使其抗剪强度大幅度下降而易滑动。

降雨对滑坡的影响很大。降雨对滑坡的影响主要表现在，雨水的大量下渗，导致斜坡上的土石层饱和，甚至在斜坡下部的隔水层上积水，从而增加了滑体的重量，降低土石层的抗剪强度，导致滑坡产生。不少滑坡具有"大雨大滑、小雨小滑、无雨不滑"的特点。

地震对滑坡的影响很大。究其原因，首先是地震的强烈作用使斜坡土石的内部结构发生破坏和变化，原有的结构面张裂、松弛，加上地震使地下水也有较大变化，特别是地下水位的突然升高或降低对斜坡稳定是很不利的。其次，一次强烈地震的发生往往伴随着许多余震，在地震力的反复振动冲击下，斜坡土石体就更容易发生变形，最终就会发展成滑坡。

滑坡的形成过程一般可以分为四个阶段：

①蠕动变形阶段或滑坡孕育阶段。这一阶段斜坡上部分岩（土）体在重力的长期作用下发生缓慢、匀速、持续的微量变形，并伴有局部拉张成剪切破坏，地表可见后缘出现拉裂缝并宽加深，两侧翼出现断续剪切裂缝。

②急剧变形阶段。随着断续破裂（坏）面的发展和相互连通，这一阶段岩（土）体的强度不断降低，岩（土）体变形速率不断加大，后缘拉裂面不断加深和展宽，前缘隆起，有时伴有鼓张裂缝，变形量也急剧加大。

③滑动阶段。当滑动面完全贯通，阻滑力显著降低，滑动面以上的岩

（土）体即沿滑动面滑出。

④逐渐稳定阶段。随着滑动能量的耗失，滑动速度逐渐降低，直至最后停止滑动，达到新的平衡。

以上四个阶段是一个滑坡发展的典型过程，实际发生的滑坡中，四个阶段并不总是十分完备和典型。由于岩（土）体和滑动面的性质、促滑力的大小、运动方式、滑移体所具有的位能大小等不同，滑坡各阶段的表现形式及过程长短也有很大的差异。

根据不同的情况，山体滑坡的成因也各有不同，概括起来，可能导致山体滑坡形成的因素有如下几点：

3.1.1　地质地貌条件

不同地质构造形成山体滑坡的概率是不相同的，例如山体斜坡的岩体、土体受到了切割，并出现了不连贯的状态，其形成山体滑坡的概率就会大大地增加。在长时间的雨水冲刷和重力作用下，山体斜坡便可能形成一个水道，裂缝、断层逐渐扩大，最终便会发生山体滑坡。另外，不同的地形地貌形成山体滑坡的概率也是不相同的，如山体中间的地势相对平缓，下坡的地势比较陡峭，且上坡是环形的坡形，就比较容易发生山体滑坡，相较其他地形地貌发生山体滑坡的概率更高。再者，山体岩性的不同，如软、硬相间的岩体，也更容易发生山体滑坡。另外，还有地下水的影响，如地下水产生的静动水压变化，可能会降低山体斜坡的稳定性，进而引起山体滑坡的发生，或是长时间的地下水浸泡，使得山体岩石、土壤发泡、软化，从而致使山体滑坡的发生。

3.1.2　雨水

通过对山体滑坡发生的统计和总结来看，在多雨的夏季，山体滑坡的发生率会大大增加。这主要是因为大量的雨水渗透进了山体土壤内部，增加了山体的含水量和土体的重量，与此同时山体因为受到了雨水的浸泡，所以其土壤会发泡、软化，这会严重降低山体土壤的抗剪强度、稳固性、承载力，当超过一定极限时，山体滑坡便会发生。

3.1.3　人类工程活动

当前，人类的活动范围越来越大，这也成了山体滑坡形成的一个重要原因。例如开凿水道、开挖坡脚、修建公路等，均有可能在很大程度上影响到山体斜坡本身的稳定性，导致其更容易发生山体滑坡。另外，对自然植被的破坏也会降低山体土壤的稳固性，一旦遇到较大的雨水冲刷，就会形成山体滑坡。再者，如果在山体的周围修建了人工蓄水池、排水渠等设施，在漫溢、渗透的作用下，山体的岩体、土体均会发生软化，在自重的积压下和雨水的冲刷下，就会发生山体滑坡。

3.1.4 岩土类型

岩土体是产生滑坡的物质基础。一般来说，各类岩、土都有可能构成滑坡体，其中结构松散，抗剪强度和抗风化能力较低，在水的作用下其性质能发生变化的岩、土，如松散覆盖层、黄土、红黏土、页岩、泥岩、煤系地层、凝灰岩、片岩、板岩、千枚岩等及软硬相间的岩层所构成的斜坡易发生滑坡。

3.1.5 地质构造条件

组成斜坡的岩、土体只有被各种构造面切割分离成不连续状态时，才有向下滑动的条件。同时、构造面又为降雨等水流进入斜坡提供了通道。故各种节理、裂隙、层面、断层发育的斜坡，特别是当平行和垂直斜坡的陡倾角构造面及顺坡缓倾的构造面发育时，最易发生滑坡。

有些滑坡的发生时间稍晚于诱发作用因素的时间，如降雨、融雪、海啸、风暴潮及人类活动之后。这种滞后性规律在降雨诱发型滑坡中表现得最为明显，该类滑坡多发生在暴雨、大雨和长时间的连续降雨之后，滞后时间的长短与滑坡体的岩性、结构及降雨量的大小有关。一般来讲，滑坡体越松散、裂隙越发育、降雨量越大，则滞后时间越短。此外，人工开挖坡脚之后，堆载及水库蓄、泄水之后发生的滑坡也属于这类。由人为活动因素诱发的滑坡的滞后时间长短与人类活动的强度大小及滑坡的原先稳定程度有关。人类活动强度越大、滑坡体的稳定程度越低，滞后时间越短。

3.2 滑坡的分类

为了更好地认识和治理滑坡，需要对滑坡进行分类。

但由于自然界的地质条件和作用因素复杂，各种工程分类的目的和要求又不尽相同，可从不同角度进行滑坡分类，根据我国的滑坡类型可有如下的滑坡划分：

（1）按体积划分。

①巨型滑坡（体积>1 000万立方米）；

②大型滑坡（体积100万~1 000万立方米）；

③中型滑坡（体积10万~100万立方米）；

④小型滑坡（体积<10万立方米）。

（2）按滑动速度划分。

①蠕动型滑坡，人们仅凭肉眼难以看见其运动，只能通过仪器观测才能发现。

②慢速滑坡，每天滑动数厘米至数十厘米，人们凭肉眼可直接观察到滑坡的活动。

③中速滑坡，每小时滑动数十厘米至数米的滑坡。

④高速滑坡，每秒滑动数米至数十米的滑坡。

（3）按滑坡体的度物质组成和滑坡与地质构造关系划分。

① 覆盖层滑坡，本类滑坡有黏性土滑坡、黄土滑坡、碎石滑坡、风化壳滑坡。

② 基岩滑坡，本类滑坡与地质结构的关系可分为：均质滑坡、顺层滑坡、切层滑坡。顺层滑坡又可分为沿层面滑动或沿基岩面滑动的滑坡。

③ 特殊滑坡，本类滑坡有融冻滑坡、陷落滑坡等。

（4）按滑坡体的厚度划分。

① 浅层滑坡；② 中层滑坡；③ 深层滑坡；④ 超深层滑坡。

（5）按滑坡规模大小划分。

① 小型滑坡；② 中型滑坡；③ 大型滑坡；④ 巨型滑坡。

（6）按形成的年代划分。

① 新滑坡；② 古滑坡；③老滑坡；④正在发展中滑坡。

（7）按力学条件划分。

① 牵引式滑坡；② 推动式滑坡。

（8）按物质组成划分。

①土质滑坡；②岩质滑坡。

（9）按滑动面与岩体结构面之间的关系划分。

①同类土滑坡；②顺层滑坡；③切层滑坡。

（10）按结构分类。

①层状结构滑坡；②块状结构滑坡；③块裂状结构滑坡。

3.3 滑坡的分布规律

滑坡的分布主要与地质因素和气候等因素有关。通常下列地带是滑坡的易发和多发地区:

(1) 江、河、湖 (水库)、海、沟的岸坡地带,地形高差大的峡谷地区,山区、铁路、公路、工程建筑物的边坡地段等。这些地带为滑坡形成提供了有利的地形地貌条件。

(2) 地质构造带之中,如断裂带、地震带等。通常,地震烈度大于 7 度的地区,坡度大于 25 度的坡体,在地震中极易发生滑坡;断裂带中的岩体破碎、裂隙发育,则非常有利于滑坡的形成。

(3) 易滑 (坡) 的岩、土分布区。松散覆盖层、黄土、泥岩、页岩、煤系地层、凝灰岩、片岩、板岩、千枚岩等岩、土的存在,为滑坡的形成提供了良好的物质基础。

(4) 暴雨多发区或异常的强降雨地区。在这些地区异常的降雨为滑坡发生提供了有利的诱发因素。

上述地带的叠加区域,就形成了滑坡的密集发育区。如中国从太行山到秦岭,经鄂西、四川、云南到藏东一带就是这种典型地区,滑坡发生密度极大,危害非常严重。

3.4 滑坡成因案例分析

本书在滑坡的成因分析上做了些工作,这部分分析案例使用的数据和全文的数据不属于同一批数据,但也值得参考。

3.4.1 数据分析

为开展针对四川省滑坡灾害的研究,这部分收集了四川省历年滑坡数据和滑坡形成相关的影响因子数据,涉及地形地貌、地质构造、地震、降雨、地表覆盖等,收集的数据及数据来源见表3-1。

表 3-1　本节研究数据详情

数据名称	来源	类型	空间精度	时间范围
历年滑坡	四川省国土空间生态修复与地质灾害防治研究院	表格	略	2009—2017 年
DEM	ASTER GDEM v2	栅格	30 米	2011 年
地质分布图	全国地质资料馆	矢量	1∶50 万	2000 年
水系分布数据	全国基础地理数据库	矢量	1∶25 万	2012 年
道路分布数据	全国基础地理数据库	矢量	1∶25 万	2012 年
居民地	全国基础地理数据库	矢量	1∶25 万	2012 年
地表覆盖数据	全球地表覆盖数据 GlobeLand30	栅格	30m	2010 年
地震日志	中国地震台网	表格	略	1970—2017 年
降雨数据	GPM IMERG 降雨产品数据	栅格	0.1°	2009—2017 年

历年滑坡灾害点的数据来自四川省国土空间生态修复与地质灾害防治研究院提供的"四川省地质灾害点一览表",时间范围为 2009—2017 年,表中记录了每年四川省境内滑坡发生的时间、地点、规模、等级以及经济损失等信息。

DEM 数据来自 ASTER 卫星的 GDEM v2,空间精度为 30 米,该数据是目前覆盖最广的高精度全球高程数据。四川省地质分布图来源于全国地质资料馆(http://www.ngac.org.cn)提供的川渝 1∶500 000 地质图。

水系、道路、居民点数据均来自全国基础地理数据库。该数据集一共包含水系、居民地、道路以及地名标注共四个数据集。本书选择了其中三个图层:一是线状水系图层,该图层包括了单线河流、沟渠、河流结构线等;二是线状公路图层,该图层包括了国道、省道、县道、乡道、其他公路、街道、乡村道路等;三是点状居民地图层,该图层包括普通房屋、蒙古包、放牧点等。

地表覆盖数据来自全球地表覆盖数据 GlobeLand30,该数据集是中国国家高技术研究发展计划(863 计划)全球地表覆盖遥感制图与关键技术研究项目的重要成果。该数据集包含十个主要的地表覆盖类型,分别是耕地、森林、草地、灌木地、湿地、水体、苔原、人造地表、裸地、冰川和永久积雪。

地震数据来自中国地震台网(http://www.ceic.ac.cn/history),该数据集包含了地震发生的时刻、经纬度、震级以及深度。本次研究选取了四川省内1970—2017 年的所有地震信息,用于研究整个四川省内各区域的地震活动强度。

降雨数据来自 NASA 提供的 GPM 降水数据，本次研究选 GPM IMERG Final Run 产品（https：//pmm.nasa.gov/data-access/downloads/gpm），其空间精度为 0.1°，时间精度选择 1 天。由于全球降水测量计划卫星 GPM（global precipitation measurement）于 2014 年才发射升空，所以之前的降雨数据是基于 TRMM 3B42 产品转换得到的。与 GPM 卫星一样，TRMM（tropical rainfall measuring mission）卫星也是由美国 NASA 和日本 JAXA 共同发射的，该卫星于 1997 年共同研制发射升空，其观测任务已于 2015 年结束。李麒崙等人对 GPM 与 TRMM 降水数据在中国（不含香港、澳门、台湾地区）的精度进行了评估与对比，结果表明 GPM 卫星作为 TRMM 卫星的继承者，在中国（不含香港、澳门、台湾地区）表现出了较好的降水观测精度，对弱降水有更高的探测准确性。由于滑坡灾害时常发生在人迹罕至的山区，附近的雨量观测站与滑坡点的距离比较远，若直接使用雨量观测站的数据，则误差较大，因此本书选择精度较高且观测时间连续的 GPM 降水产品。

经过数据清洗过后，一共获得 2009—2017 年共 9 645 个滑坡点的信息，各年份滑坡数如图 3-1 所示。

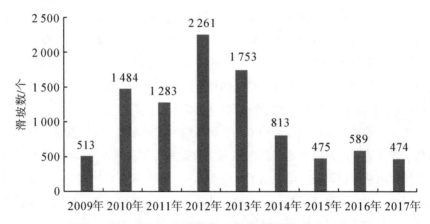

图 3-1　历年滑坡数量统计图

由图 3-1 可知，2012 年与 2013 年是滑坡灾害高发年份，全年滑坡数量均超过了 1 500 个，其中以 2012 年的滑坡数量最多，而最近几年滑坡数量有较大幅度的降低，每年的滑坡数都在 500 个左右。

根据滑坡点信息，统计每个月份发生滑坡的数量，统计结果如图 3-2 所示。

由图 3-2 可知，四川省内的滑坡主要发生在 6~9 月，占了全部滑坡的 95%，其中以 7 月份最多，达到 4 697 例。根据相关资料可知，四川省的雨季为 6~9 月，降雨占全年总雨量的 70% 左右，由此可知滑坡的发生与降雨有很强的相关性，在滑坡灾害研究中必须考虑降雨因素的影响。

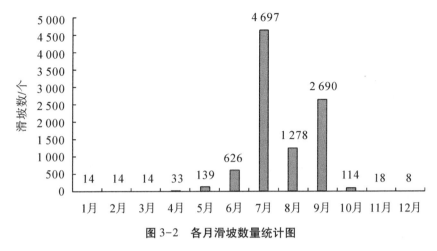

图 3-2　各月滑坡数量统计图

由图 3-2 可知，四川省内的滑坡点分布非常不均匀，大量滑坡点集中在四川省东部地区，而西部地区的滑坡点较少。四川省内的滑坡空间分布差异较大的原因主要有两点：一是各区域地形地质环境差异较大；二是各区域降雨分布不均。

以市、州为单位统计各个区域的滑坡点数量，统计结果如表 3-2 所示。由表 3-2 可知，四川省内巴中、南充、绵阳、凉山等地区滑坡灾害比较严重，特别是巴中市，其滑坡数量占全省滑坡数量的比例竟达到了 20%。与此同时，部分地区的滑坡灾害却非常少，比如乐山市、甘孜州、资阳市，这几个地区九年来滑坡的数量总和均不超过 100。由此可见，四川省内的滑坡分布区域性差异非常大，在研究中必须分别考虑各个滑坡的特点。

表 3-2　各市州滑坡数量统计信息

序号	市（州）	滑坡数	序号	市（州）	滑坡数	序号	市（州）	滑坡数
1	巴中市	1 929	8	广安市	455	15	内江市	145
2	南充市	1 048	9	成都市	422	16	眉山市	141
3	达州市	907	10	宜宾市	401	17	攀枝花市	132
4	广元市	752	11	阿坝州	382	18	自贡市	119
5	绵阳市	736	12	遂宁市	291	19	乐山市	93
6	凉山州	637	13	泸州市	193	20	甘孜州	44
7	德阳市	618	14	雅安市	178	21	资阳市	22

为了研究滑坡的形成原因以及特点，只有滑坡点的信息是不够的，需要提取部分非滑坡点的信息与滑坡点进行对比分析。为了选择更加合理的非滑坡区，本书在四川省范围内除去水域的范围以及滑坡点周围 500 米缓冲区的范围，形成四川省内的非滑坡区，最后使用随机抽取工具从非滑坡区的范围内抽取非滑坡点。在真实的地理环境中，大多数地方是不发生滑坡的，只有少数地方会发生滑坡，因此本书构建了非平衡的数据集，抽取的非滑坡数量是滑坡数量的 10 倍。

地理数据主要包括数字高程模型（DEM）、地表覆盖、水系、道路、居民地、地质几大类数据，由于该类数据都是矢量数据或者栅格数据，均可以使用 ArcGIS toolbox 工具对该类数据进行处理。地理数据的处理过程主要包括以下几个部分：

（1）数据镶嵌。由于从"全国地理信息资源目录服务系统"等平台下载的 DEM、水系分布等数据都是分幅数据，所以下载完成数据之后需要先对数据进行镶嵌，获得整幅栅格图像或者矢量数据。使用 Arctoolbox 中的镶嵌工具完成对 DEM 以及地表覆盖数据的拼接，使用合并工具完成对水系、道路等矢量数据的拼接。

（2）坐标转换。由于从各个平台下载的数据地理坐标系以及投影坐标系并不统一，因此需要借助 Arctoolbox 中的投影转换工具将所有的数据转换到同一地理坐标系以及投影坐标系下。本次研究将所有数据的地理坐标系都转换为 WGS84，投影坐标系转换为 Asia Lambert Conformal Conic。

（3）数据裁切。由于本书的研究区域为四川省，因此需要基于四川省的行政范围裁切各个图层，得到四川省内的研究数据。

由四川省高程数据可知①，四川省内地势整体呈西高东低，境内地形起伏大，地貌复杂多变；由四川省地表覆盖数据可知，四川省内西部地区的土地类型主要为森林和草地，植被覆盖率较高，而东部地区分布着大量的耕地，人类活动强度很大；由道路和居民地数据可知，四川省内路网密布，但是整体来说东部地区的道路密集程度高于西部地区，且东部居民地分布更密集；水系分布数据表明四川省内水系众多，分布着大大小小各级河流，整体分布较为均匀，境内水资源比较丰富；地质分布数据表明了四川省内地质类型众多，构造复杂，且分布着多条断裂带，地质状况非常复杂。综合各种数据的信息可知，四

---

① 出于对版面印刷效果及其他因素的考虑，本书部分研究示意图不在书中呈现，如有需要可联系邮箱：185217674@qq.com 索取。

川省内各区域的基础地理特征差异非常大。

地震数据来源于中国地震台网，其每条地震数据包括发震时刻、震级、经度、纬度、深度以及参考位置。本书对地震数据主要做了以下两项操作：一是根据地震的经纬度信息，剔除部分不在四川省境内的地震灾害点；二是剔除了部分震级过小的样本，本次研究仅选择震级在 3 级以上的地震。经过处理，本次研究最终获得 1970—2017 年的地震样本一共 3 494 条，其数据格式如表 3-3 所示。

表 3-3　四川省地震灾害统计信息

发震时刻	震级	纬度	经度	深度/千米	参考位置
1970-01-20 8:24	4.4	30.4	103.5	20	四川省成都市邛崃市
1970-02-24 10:07	6.2	30.65	103.28	15	四川省成都市大邑县
1970-03-05 12:23	4.7	30.6	103.4	20	四川省成都市大邑县
......					
2017-11-10 11:03:14	4.2	31.54	103.97	19	四川省德阳市绵竹市
2017-11-19 09:15:47	3.2	32.2	104.58	11	四川省绵阳市平武县
2017-12-30 12:13:18	3.4	27.91	101.42	16	四川省凉山州盐源县

根据地震的经纬度信息，使用 ArcGIS 将所有地震点加载到地图上。四川省内的地震灾害分布存在一定的规律，主要集中在龙门山地震带、理塘地震带、名山—马边—昭通地震带等多个地震易发区。

降雨数据选择 NASA 的 GPM IMERG 产品，时间精度选择 1 天。批量下载了 2009—2017 年的逐日降雨数据，格式为 NetCDF 格式。因为降雨数据已经是经过处理之后发布的产品，不再需要做过多的处理，所以只需要编写脚本或者使用 ArcGIS 工具读取数据即可。基于四川省的行政区范围裁切得到 2017 年 7 月 22 日的降水数据。当日四川省内的降雨分布极为不均，部分地区雨量较大，而部分地区几乎没有降雨。

3.4.2　因子分析

3.4.2.1　地形地貌因子分析

（1）高程。

高程与滑坡形成之间没有直接关系，但是高程不同的区域植被类型与植被覆盖度、人类活动强度、积水区面积均有较大的差别，从而导致高程与滑坡之间有较大的相关性。研究中的高程数据来源于 DEM 数据，整个四川省的高程范围为 109~7 845 米。本次研究将高程值分为 7 个区间，每个区间的切分值如表 3-4 所示，而后通过重分类获取高程分区图。

基于分类结果，统计各个类别的栅格数，栅格数即代表了该类别的区域面积，而后统计各个区间的滑坡数，最后基于栅格数和滑坡数计算滑坡密度，统计结果如表 3-4 所示。由表 3-4 可知，四川省内的滑坡灾害大多数集中在1 250 米以下，占了全部滑坡的 85% 以上，且随着高程的增加，滑坡数量逐渐减少。通过滑坡密度信息也可以知道滑坡在高程小于 1 250 米的地区密度较大，当高程超过 1 250 米时滑坡密度逐渐下降。滑坡之所以集中分布在高程较低的区域，一方面是因为人类活动大多数集中在海拔较低、地势平坦的地方，另一方面则是由于海拔较低的地方汇水面积更大，地下水含量丰富，这两方面因素都容易导致滑坡灾害的发生。

表 3-4　高程分类统计表

序号	高程/米	栅格数/万	滑坡数	滑坡密度
1	<750	12 643	6 344	0.501 8
2	750~1 250	3 633	2 053	0.565 1
3	1 250~1 750	2 633	443	0.168 2
4	1 750~2 250	2 601	335	0.128 8
5	2 250~2 750	2 981	303	0.101 6
6	2 750~3 250	3 209	98	0.030 5
7	>3 250	23 774	69	0.002 9

（2）坡度。

坡度是影响滑坡产生的重要因子之一，不同坡度的坡体内部应力分布大不相同，坡度越大，坡脚处承受的应力越大，滑坡越容易失稳。除此之外，坡度对于地表径流以及地下水的排泄都有重要的影响，从而影响着滑坡的产生。研究中的坡度数据基于 DEM 数据产生，坡度值的范围为 0~90 度，以 10 度为一个区间，将坡度分为 9 个区间，合并最后两个区间。

基于分类结果统计各个类别的栅格数以及滑坡数，基于栅格数和滑坡数计算滑坡密度，统计结果如表 3-5 所示。由表 3-5 可知，滑坡主要分布在 0~30度的范围内，其中 10~20 度的滑坡最多，50 度以上的滑坡基本没有。根据滑坡密度信息可知滑坡在 0~30 度的区间内密度较大，超过 30 度之后滑坡密度较小。理论分析应该是坡度越大，滑坡越容易产生，实际情况之所以与理论分析不符主要有两个原因：一是坡度过大时坡体上堆积的土体很少，滑坡产生缺少物料条件；二是人类活动大多数时候集中在坡度较小的地方，对坡度较大的区域破坏程度更小。

表3-5　坡度分类统计表

序号	坡度/度	栅格数/万	滑坡数	滑坡密度
1	0~10	11 522	3 259	0.283
2	10~20	13 889	3 424	0.247
3	20~30	12 097	1 843	0.152
4	30~40	8 948	817	0.091
5	40~50	4 023	260	0.065
6	50~60	883	40	0.045
7	60~70	97	2	0.021
8	>70	14	0	0.000

（3）坡向。

坡向表示坡体所处的方向，一般情况下不同坡向的坡体受到太阳辐射的程度不同，从而导致其地表蒸散发值差异较大，进而影响地表覆盖物的构成。除此之外，地震传播一般沿着山体的背坡面，从而导致其地表比迎坡面更加破碎，使得坡体稳定程度大为降低。坡向数据基于 DEM 数据产生，以 45 度为一个区间将坡向分为八个方向。

统计各个方向的栅格数以及滑坡数，而后计算滑坡密度，统计结果如表3-6所示。由表3-6可知，正北方向的滑坡密度最大，但是整体而言，各个方向的滑坡密度差异不大，说明坡向与滑坡产生之间有一定的关系，但是关系不是很大。

表3-6　坡向分类统计表

序号	方向	坡向	栅格数/万	滑坡数	滑坡密度
1	北	0~22.5°&337.5°~360°	5 911	1 309	0.221 4
2	东北	22.5°~67.5°	6 523	1 093	0.167 6
3	东	67.5°~112.5°	6 711	1 141	0.170 0
4	东南	112.5°~157.5°	6 546	1 093	0.167 0
5	南	157.5°~202.5°	5 991	1 135	0.189 5
6	西南	202.5°~247.5°	6 436	1 199	0.186 3
7	西	247.5°~292.5°	6 486	1 324	0.204 1
8	西北	292.5°~337.5°	6 670	1 351	0.202 5

（4）坡型。

在地形表面形态研究中，常常提到坡型这一概念，根据坡面曲率的大小，常常将斜坡分为三种类型：凸型坡、直线坡、凹型坡。凸形坡的曲率大于零，凹形坡曲率小于零，直线坡的曲率近似为零。不同的坡型的坡体受到雨水侵蚀的程度以及内部应力分布都有较大的区别，凹型坡容易在中部造成积水，受到雨水的侵蚀较强，而凸型坡容易给坡脚造成极大的压力，易导致边坡不稳。曲率数据基于 DEM 数据产生，根据表 3-7 中给出的曲率分割值分为三种坡型。

统计各种坡型的栅格数以及滑坡数，计算滑坡密度，统计结果如表 3-7 所示。由表 3-7 中信息可知，凹型坡与凸型坡区域的滑坡较多，直线型坡上的滑坡数量很少。根据滑坡密度信息可知，凹型坡与凸型坡的滑坡密度差不多，均大于直线型坡。由此可知，直线型坡的稳定性明显高于其他两种坡型的坡体。

表 3-7　坡型分类统计表

序号	坡型	曲率	栅格数/万	滑坡数	滑坡密度
1	凹型坡	<-0.05	25 124	4 846	0.192 9
2	直线坡	-0.05~0.05	1 615	240	0.148 6
3	凸型坡	>0.05	24 737	4 559	0.184 3

（5）坡位。

坡位是指坡体的位置，在研究中坡位分为六种：上坡、平坡、中坡、下坡、谷底、山脊，不同坡位的植被覆盖状况以及人类活动强度差别较大，从而影响了滑坡的产生。坡位的计算需要使用 Topography Tools 工具，先将该工具添加到 ArcToolBox，而后基于 DEM 数据生成坡位指数（topographic position index，TPI），最后基于 DEM 数据和 TPI 数据进行分类。

统计各坡位的栅格数以及滑坡数，计算滑坡密度，统计结果如表 3-8 所示。由表 3-8 中信息可知，坡位不同的区域滑坡数量差距较大，但是滑坡密度差不多，由此可知坡位对滑坡产生的影响较小。本书得出的结论与相关研究得出的结论有一定出入，说明四川省的滑坡灾害有其自身的特性，滑坡的发生是由其他更重要的因素所导致的。

表 3-8　坡位分类统计表

序号	坡位	栅格数/万	滑坡数	滑坡密度
1	谷底	22 697	4 228	0.186 3
2	下坡	1 750	418	0.238 9
3	平坡	466	128	0.274 7
4	中坡	2 915	681	0.233 6
5	上坡	1 577	354	0.224 5
6	山脊	22 070	3 836	0.173 8

（6）地形起伏度。

起伏度是一个宏观地形指标，表示一定范围内的地势变化状况。在制图过程中，常用指定范围内最大高程与最小高程之差作为该区域的起伏度，因此起伏度的计算需要选取合适的邻域范围。在本次研究中，选定邻域范围为20×20（cell），使用 ArcGIS 中的焦点统计工具生成研究区的地形起伏度数据，根据起伏度大小分为六个等级。

基于分类结果统计每个类别的栅格数以及滑坡数，计算滑坡密度，统计结果如表 3-9 所示。由表 3-9 可知，地形起伏在 80~160 米的区域滑坡密度最大，而后依次是 0~80 米、160~240 米，滑坡集中在地形起伏不是特别大的区域。滑坡之所以主要集中在起伏度较小的区域，是因为这些区域地形平坦，适合人类居住，人类活动对地表的破坏程度更大。

表 3-9　地形起伏度分类统计表

序号	地形起伏/米	栅格数/万	滑坡数	滑坡密度
1	0~80	8 355	2 190	0.262 1
2	80~160	8 597	2 989	0.347 7
3	160~240	9 759	2 441	0.250 1
4	240~320	9 516	1 252	0.131 6
5	320~400	7 451	501	0.067 2
6	>400	8 065	272	0.033 7

3.4.2.2　环境条件因子分析

（1）岩性。

坡体的地层岩性，是发生滑坡的物质基础，有的坡体由坚硬的岩石组成，有的坡体则由破碎的土体形成，地层的岩性不同，它们的抗剪强度各不相同，发生滑坡的难易程度也就不同。从地质图中提取滑坡点的岩性类型，根据岩性的坚硬程度将其分为四个类别，统计各种类别的面积以及滑坡数，计算滑坡密度，统计结果如表3-10所示。

根据表3-10中信息可知，大多数的滑坡的岩性为泥岩或者砂岩，这是因为这两种类型的坡体结构比较松散，在雨水的冲刷下容易导致滑坡。而随着岩性强度的提升，滑坡密度逐渐降低，说明岩性是控制滑坡发生的一个重要因素。

表3-10　岩性分类统计表

序号	类型	栅格数/万	滑坡数	滑坡密度
1	泥岩	6 227	3 739	0.600 4
2	砂岩	18 324	5 594	0.305 3
3	页岩	1 265	224	0.177 1
4	灰岩	925	88	0.095 1

（2）地表覆盖。

地表覆盖是指地球表面各种物质类型及其自然属性与特征的综合体，其空间分布反映着人类社会经济活动的过程，决定着地表的水热和物质平衡。不同的地表覆盖类型反映人类对土地改造的程度不同，其发生滑坡的概率也不相同。土地覆盖类型直接使用 GlobeLand30-2010 产品的分类结果，该数据包括耕地、森林、草地、灌木地、湿地水体、苔原、人造地表、裸地、冰川和永久积雪10种地表覆盖类型，截取四川省内的地表覆盖分布数据。

统计各种地表类型的栅格数和滑坡数，计算滑坡密度，统计结果如表3-11所示。由表3-11可知，滑坡主要集中在耕地，占总滑坡数的比例达到了63%，而草地、灌木地等区域的滑坡数相对较少。由滑坡密度信息可知，在耕地和人造地表区域内滑坡密度最大，其他区域的滑坡密度都非常小。由此说明人类的耕作活动对地表的破坏程度较大，在雨水的冲刷下极易发生滑坡，而在森林、草地等未被改造的区域滑坡发生的可能性较小。

表 3-11　地表覆盖分类统计表

序号	代码	类型	栅格数/万	滑坡数	滑坡密度
1	10	耕地	12 983	6 166	0.474 9
2	20	森林	21 811	2 737	0.125 5
3	30	草地	16 652	415	0.024 9
4	40	灌木地	1 082	30	0.027 7
5	50	湿地	482	1	0.002 1
6	60	水体	316	0	0.000 0
7	70	苔原	0	0	0.000 0
8	80	人造地表	267	296	1.108 6
9	90	裸地	303	0	0.000 0
10	100	冰川和永久积雪	204	0	0.000 0

（3）距水系距离。

河流冲刷在滑坡形成过程中的作用不容小视，在靠近河流的地方，河流对边坡日复一日的冲刷将带走大量泥土，从而形成临空面，为滑坡的产生创造了条件。

除此之外，河水的侵蚀作用会导致土体软化，使得坡体的抗滑性大大降低。一般说来，距离河流越近，河流的冲刷作用和侵蚀作用越强，因此引入距离水系距离因子。基于水系分布数据，使用 ArcGIS 作缓冲区，根据缓冲区的距离，划分不同的等级。

统计各个区域的栅格数和滑坡数，计算滑坡密度，统计结果如表 3-12 所示。根据表 3-12 信息可知，滑坡大多数分布在距离河流 1 千米的范围内，随着距河流距离的增加，滑坡密度逐渐降低，由此可以说明河流的侵蚀作用对滑坡的产生影响很大。

表 3-12　距水系距离分类统计表

序号	距水系距离/米	栅格数/万	滑坡数	滑坡密度
1	<200	4 375	3 056	0.698 5
2	200~400	3 492	2 208	0.632 3
3	400~600	2 946	1 497	0.508 1
4	600~800	2 510	1 177	0.468 9

表3-12(续)

序号	距水系距离/米	栅格数/万	滑坡数	滑坡密度
5	800~1 000	1 921	686	0.357 1
6	1 000~1 200	1 326	391	0.294 9
7	>1 200	3 563	630	0.176 8

3.4.2.3　人类活动因子分析

（1）距道路距离。

道路开挖是常见的人类工程活动之一，在道路开挖的过程中，不可避免地会产生切坡，从而形成临空面，使得坡体容易垮塌。除此之外，道路建设活动使得地表岩土更加破碎，为滑坡的产生提供了物质基础。为了衡量道路建设对滑坡形成的影响程度，本书引入距道路距离因子。基于道路分布数据，使用ArcGIS作缓冲区，根据缓冲区的距离，划分不同的等级。

统计各个类别的栅格数和滑坡数，计算滑坡密度，统计结果如表3-13所示。由表3-13信息可知，距道路的距离越远，滑坡数量越少，滑坡密度也越来越低，两者均与距道路距离负相关。距道路400米的范围内是滑坡高发区，当距离大于1千米之后滑坡数量明显减少。由此说明，道路开挖等工程建设活动在滑坡的形成过程中产生了较大的作用。

表3-13　距道路距离分类统计表

序号	距道路距离/米	栅格数/万	滑坡数	滑坡密度
1	<200	4 345	4 119	0.948 0
2	200~400	3 067	2 590	0.844 5
3	400~600	2 358	1 103	0.467 8
4	600~800	1 911	689	0.360 5
5	800~1 000	1 465	446	0.304 4
6	1 000~1 200	1 071	294	0.274 5
7	>1 200	7 548	404	0.053 5

（2）距居民点距离。

居民的生产生活一般局限在其居住地附近一定范围内，距离居民点越近，则人类活动强度越大，对地表的改造程度也越强。在人类的日常生活中，经常会进行翻土、开辟耕地等行为，这些活动都使得土体更加疏松，并导致滑坡更容易发生。

鉴于此，本书引入距离居民点距离作为滑坡影响因子。基于居民点分布数据作缓冲区，根据缓冲区的距离，划分不同的等级。

统计各个类别的栅格数和滑坡数，计算滑坡密度，统计结果如表3-14所示。由表3-14可知，滑坡大多数集中在距离居民点1.5千米的范围之内，离居民点距离越远，滑坡数量越少。由滑坡密度信息可知，距居民点距离500米的范围内滑坡密度远大于其他区域，原因是该区域是人类的劳作生活区，对地表的破坏程度最强。

表3-14　距居民点距离分类统计表

序号	距居民点距离/米	栅格数/万	滑坡数	滑坡密度
1	<500	513	4 039	7.873 3
2	500~1 000	1 295	2 450	1.891 9
3	1 000~1 500	1 328	1 800	1.355 4
4	1 500~2 000	913	998	1.093 1
5	>2 000	4 571	358	0.078 3

3.4.2.4　诱发因子分析

（1）地震活动强度。

四川省内地震频发，分布着多个地震活动带，地震除了自身危害非常大之外，还引发了很多次生灾害，滑坡便是其中之一。在地震波的作用下，山体结构面破裂，使得雨水下渗更加容易。除此之外，大型的地震还容易产生堰塞湖，使得坡体的地下水含量上升，导致其快速软化。因此，地震影响是滑坡研究中不可或缺的一个因素。根据地震灾害点分布的密集程度，将研究区的地震活动强度分为四个等级，等级越高强度越大。

统计各个类别的栅格数和滑坡数，计算滑坡密度，统计结果如表3-15所示。由表3-15可知，Ⅲ级与Ⅳ级虽然区域范围不大，但是其滑坡密度远大于其他等级，这说明地震对滑坡的产生影响非常大。除此之外，还发现有大量的滑坡分布在地震活动强度不是特别大的地方，说明地震只是滑坡产生的重要影响因素之一。

表 3-15　地震活动强度分类统计表

序号	地震强度	栅格数/万	滑坡数	滑坡密度
1	Ⅰ级	484	6 885	14. 225 2
2	Ⅱ级	121	1 215	10. 041 3
3	Ⅲ级	27	840	31. 111 1
4	Ⅳ级	16	705	44. 062 5

（2）日降雨量。

降雨是诱发滑坡产生的最主要的因子。当降雨时，雨水下渗导致地下水含量上升，坡体软化，从而使得坡体的稳定性急速下降。除此之外，降雨会使得坡体重量增加，降低其抗剪强度，从而导致滑坡发生。当前研究大多使用月平均降雨量或者年平均降雨量，本书为了更精细地研究滑坡产生的原因，提取了滑坡产生当日以及前半个月的降雨量数据。根据滑坡经纬度以及发生时间从GPM 数据中提取出每个滑坡发生当天以及前半个月的降雨量数据。

表 3-16　当日降雨分类统计表

序号	等级	日降雨量/毫米	滑坡数
1	小雨	<10	4 871
2	中雨	10~25	1 594
3	大雨	25~50	1 608
4	暴雨	50~100	1 019
5	大暴雨	100~250	552
6	特大暴雨	>250	1

分析当日降雨与滑坡发生之间的关系，根据雨量大小将其分为六个等级：小雨、中雨、大雨、暴雨、大暴雨、特大暴雨，统计各个等级的滑坡数，统计结果见表 3-16。根据统计结果绘制统计图，结果如图 3-3 所示。由统计结果可知，50%左右的滑坡发生当日有中级及以上的降雨，可见滑坡的发生与当日降雨有较大的关系。但是也不得不注意到，很多滑坡发生当日并没有较大的降雨，这说明滑坡的发生不仅与当日降雨有关，还与滑坡发生前的降雨有关，即滑坡的发生有一定的滞后性。

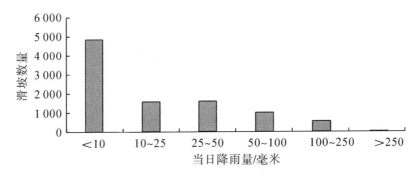

图 3-3　滑坡数量与当日降雨量关系图

为了综合衡量降雨在滑坡形成过程中的作用，本书使用有效降雨量来评估降雨对滑坡的影响程度。有效降雨量由 Crozier 于 20 世纪 80 年代提出，其公式如式 3-1 所示。E_n 表示 n 天的有效降雨量；P_i 表示前 i 天的日降雨量，比如 P_0 为当天降雨量，P_1 为前一天的降雨量，以此类推；α 为衰减系数，是一个经验常数，一般在 0.8~0.9，相关文献表明四川地区取 0.84 比较合适。

$$E_{0-n} = E_n = \sum_{i=0}^{n} \alpha^i \times P_i \qquad （式3-1）$$

根据有效降雨量公式计算滑坡发生前八天的有效降雨量 E_{1-8}，基于雨量大小统计各区间的滑坡数，统计结果如图 3-4 所示。由图 3-4 可知，大多数滑坡发生时的前期有效降雨量都达到了 50 毫米以上，说明前期降雨对滑坡的形成有非常大的影响。结合前面的分析可知，滑坡不仅受到当日降雨的作用，同时也受前期降雨的影响，在研究过程中必须综合考虑当日降雨与前期降雨的影响。

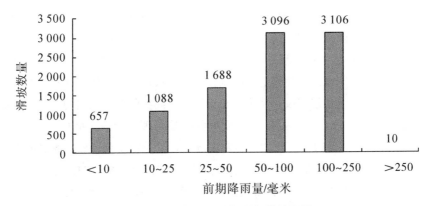

图 3-4　滑坡数与前期降雨量关系图

3.4.2.5 滑坡形成因子重要性评估

（1）评估方法。

本书中用到的因子重要性评估方法包括 F-检验、卡方检验、互信息数，三者都常被用于评估因子的敏感性或者有效性分析。下面分别介绍各种方法的概念、基本原理以及应用条件。

F-检验又称作方差分析（ANOVA）或变异系数分析，由英国统计学家 R. A. Fisher 提出，其目的是检验两组或者多组样本的均值是否有较大的差异性。在因子重要性检测中，根据样本中某因子的取值将样本分为多个组别，通过检验不同组别的样本标签的均值差异性来验证该因子的重要性。若基于某因子分组使得各组样本均值差异性较大，则该因子比较重要，反之则说明该因子作用不明显。F-检验将数据的总变异系数分为组间变异与组内变异两部分。组间变异是由某因子的影响与数据随机误差共同作用而导致的，组内变异则仅仅是由数据本身的随机误差而导致的，基于两者的比值可以判定该因子的影响是否显著。由于变异程度除了与数据本身有关，还与数据分组的组数和各组的样本数相关，即与组间自由度与组内自由度相关。因此，需要将组间变异系数与组内变异系数分别除以各自的自由度，得到组间均方差与组内均方差。最后，基于处理过后的组间变异系数与组内变异系数计算比值，即得到该因子的 F 统计量 F-value。F-value 的值直观地表现了一个因子在样本集中的重要性，F-value 的值越大因子越重要。F-检验的应用非常广泛，既可以用于标签离散的数据集，也可以用于标签连续的数据集。

卡方检验被誉为 20 世纪科学技术所有分支中的 20 大发明之一，其中心思想是检验观察频数与理论频数的吻合程度，若吻合程度较高，则说明原假设成立，反之则不成立。在因子重要性分析中，常常先假设因子与标签之间是独立的，然后观察实际值与理论值的偏差程度，如果偏差足够小，就认为误差是样本自身的随机误差，此时就接受原假设，说明因子与标签之间确实是独立的；如果偏差大到一定程度，使得这样的误差不可能仅仅只包含随机误差，此时便否定原假设而接受备选假设，认为因子与标签之间实际上是相关的。卡方检验基于观测值计算一个卡方系数 χ^2 表征观测频数与理论频数之间的偏差程度，其计算公式如式 3-2 所示，式中 A 为观测值，E 为期望值，k 为观察值的个数，n 为总的频数，p 为理论频率。由式 3-2 可知，卡方系数的值包括了两方面的信息：一方面是实际值与理论值偏差的绝对大小，另一方面是差异程度与理论值的相对大小。当数据的观察值和理论值十分接近的时候，χ^2 的值就越趋近于 0，也就是说计算的偏差越小，那么原假设就越可能是对的。卡方检验系数的大小表明了因子与标签之间的相关性，卡方系数越大说明该因子与特征之间越相关。卡方检验只能用于离散的数据集，且其数据量要比较大时才能得到比较可靠的结论。

$$\chi^2 = \sum \frac{(A-E)^2}{E} = \sum_{i=1}^{k} \frac{(A_i - E_i)^2}{E_i} = \sum_{i=1}^{k} \frac{(A_i - np_i)^2}{np_i} \qquad (式3-2)$$

互信息数来源于信息论，其大小表示两个随机变量之间的依赖程度。互信息表征两个随机变量的联合分布与边缘分布之积的相似度，可用于实值随机变量以及非实值随机变量。两个离散的随机变量 X 和 Y 的互信息数计算公式如式3-3所示，式中 $p(x, y)$ 是 X 和 Y 的联合概率分布函数，而 $p(x)$ 和 $p(y)$ 分别是 X 和 Y 的边缘概率分布函数。由定义可知互信息数是非负的，同时互信息数还是对称的，即 $I(X, Y) = I(Y, X)$。直观上讲互信息数度量两个随机变量 X 和 Y 之间共享的信息，共享信息越多则互信息数越大。当两个变量之间独立时，两者之间没有任何共享信息，则两者之间的互信息数为零。相反，若两者之间存在一个确定的关系，比如线性关系，则两个变量之间是同步变化的，两者之间的信息完全共享，此时互信息数达到最大。

$$I(X, Y) = \sum_{y \in Y} \sum_{x \in X} p(x, y) \log(\frac{p(x, y)}{p(x)p(y)}) \qquad (式3-3)$$

（2）评估结果。

上文已经提取了与滑坡发生相关的地形地貌、地质岩性、降雨诱发、人类活动等各种因子，在这些因子的共同作用下最终导致了滑坡的发生。在所有的影响因子中，部分因子对滑坡的产生起主导作用，而某些因子的作用不明显，需要经过进一步的分析以了解各影响因子的重要性。

本节基于F-检验、卡方检验、互信息数分析因子的重要性，各指标值的大小表征了因子在滑坡形成过程的重要程度。统计数据包括所有的滑坡样本以及非滑坡样本，将滑坡样本标注为1，非滑坡样本标注为0，分别计算每个因子与标签的F-value、卡方检验值以及互信息数。由于F-value、卡方检验值、互信息数的量级不一致，需要将计算出的指标值归一化到［0，100］。最后，基于每个特征的三个指标计算均值，作为该特征的重要性评估值。在计算降雨特征的重要性时，基于当日降雨和前八天降雨计算滑坡发生前的有效降雨量作为综合降雨特征，而后再计算各项指标。对于本书中提出的13个特征，其重要性指标计算结果如表3-17所示，各因子重要性对比图如图3-5所示。

表 3-17　影响因子重要性分析结果

序号	影响因子	F-检验	卡方检验	互信息数	平均值
1	降雨量	100	100	100	100
2	高程	32	34	67	44
3	居民点距离	25	21	47	31
4	地质岩性	3	44	38	28
5	地表覆盖	18	21	36	25
6	公路距离	13	12	24	16
7	地震强度	8	11	21	13
8	地形起伏度	5	6	20	10
9	坡度	3	3	8	4
10	水系距离	2	2	6	3
11	坡位	0	0	1	0
12	坡向	0	0	0	0
13	坡型	0	0	0	0

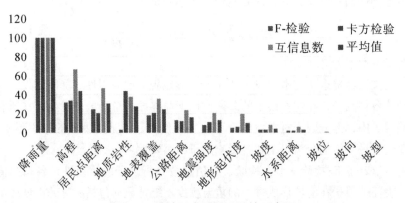

图 3-5　滑坡形成因子重要性示意图

分析图表可知，在滑坡形成过程中，最重要的三个因子是降雨量、距离居民点距离、高程，不太重要的因子是坡位、坡向、坡型。除此之外，结合表中信息可知，降雨量在滑坡形成过程中的作用远大于其他因子。因此，可以得到以下几个结论：一是降雨量是滑坡产生的决定性因素，当总降雨量或者降雨强度达到一定的阈值时，很容易导致滑坡的产生；二是人类活动是滑坡产生不可忽视的因素，在人类活动程度较强的区域，滑坡的易发性显著提高；三是滑坡点的坡位、坡向、坡型在滑坡形成过程中的作用不明显，在后续的分析中可以剔除这几个因子。

4 滑坡稳定性评价研究

在进行滑坡治理前，一般都需要先进行滑坡稳定性分析，对滑坡的天然条件的稳定性以及滑坡的暴雨等条件下的稳定性进行分析研究。

4.1 潜在滑坡稳定性影响因子介绍

4.1.1 自然地理条件因子与滑坡稳定性相关性分析

滑坡区域的自然地理条件影响着滑坡的分布和发育，因而本书对滑坡所处区域的自然地理条件的相关影响因子进行了提取，提取的自然地理影响因子主要包括滑坡所在区域的地理位置、交通、气象、水文。

对于滑坡区域的地理位置，我们选择了滑坡中心的经纬度以及滑坡所在区域的行政市州作为影响因子进行分析；对于滑坡区域的气象情况，本书选择了年均降雨量作为影响因子进行分析；对于滑坡的水文情况，本书提取了滑坡与河流的距离、滑坡的相对河流位作为影响因子进行分析。

在选择好自然环境影响因子之后，需要对因子与滑坡稳定性之间的相关性进行分析，判断因子与滑坡稳定性之间是否存在相关性，从而选择出更加合适的影响因子。本书采用皮尔逊相关系数来判断影响因子与滑坡稳定性的相关性，对影响因子进行筛选，各影响因子与滑坡稳定性之间的皮尔逊相关系数如表 4-1 所示。

表 4-1　自然地理条件因子与滑坡稳定性的相关性

自然环境因子	皮尔逊相关系数
滑坡与河流距离	−0.20
年均降雨量	−0.12

表4-1(续)

自然环境因子	皮尔逊相关系数
相对河流位	0.08
滑坡区行政市州	0.07
滑坡区中心的经纬度	−0.03

从表4-1中可以看出，从自然地理的影响因子提取的特征中，滑坡与河流之间的距离这个影响因子与滑坡稳定性的相关性最高。相对河流位、滑坡区行政市州、滑坡区中心的经纬度这几个影响因子与滑坡稳定性之间的相关性相对较低，所以剔除这几个影响因子。

4.1.2 地质环境条件因子与滑坡稳定性相关性分析

滑坡所处的地质环境条件对于滑坡的稳定性有着巨大的影响，本书在分析滑坡的地质条件时，主要考虑了地质构造、地震、岩性、水文地质条件和人类工程活动五个方面。其中，对于地质构造这个重要影响因子，本书提取了地质构造的类型作为影响因子；地震作为滑坡灾害的诱发因素之一，根据滑坡所处区域的地震数据，提取了地震烈度作为滑坡稳定性特征；对于岩性这个重要影响因子，提取了地层时代、滑体岩性、滑床岩性、岩层倾向和岩层倾角作为滑坡的岩性特征。水文地质条件主要是地下水，本书收集到的主要是地下水的类型特征。

在本书的滑坡对象中，大部分滑坡处于人类生产生活的范围内，受到人类工程活动的影响。主要考虑了房屋建筑、居民生活污染、附近居民用水、农田、水塘和道路等与人类工程活动相关的影响因子，从房屋建筑和道路两个影响因子中提取了七个与滑坡稳定性相关的特征。

从房屋建筑的数据中，提取了滑坡范围内房屋建筑类型、房屋与滑坡的位置关系、房屋距离滑坡的距离和滑坡区域内房屋面积作为滑坡稳定性特征。根据滑坡区域的道路数据，本书提取了道路类型、道路与滑坡相对位置关系以及滑坡距离道路的距离作为滑坡稳定性特征。

地质环境各影响因子提取的特征与滑坡稳定性的相关性如表4-2所示。

表 4-2　地质环境条件因子与滑坡稳定性的相关性

影响因子	皮尔逊相关系数
房屋建筑类型	0.62
滑坡区内房屋面积	0.48
道路类型	0.46
地震烈度	0.40
岩层倾角	0.38
地层时代	0.37
水塘	0.35
岩层倾向	0.32
滑床岩性	0.30
地质构造类型	0.30
附近居民用水	0.26
滑体岩性	−0.20
房屋与滑坡距离	0.19
滑坡距道路距离	−0.19
地下水类型	−0.13
居民生活污染	0.12
农田数量	0.11
道路位置	−0.11
房屋位置	0.09

从表 4-2 中可以看出，房屋建筑类型这个代表人类工程活动影响的影响因子与滑坡稳定性的相关性最高。地震、岩性和地层时代也与滑坡稳定性有着很高的相关性。

房屋位置与滑坡稳定性的相关性最低。由于房屋位置与滑坡稳定性的皮尔逊相关系数低于 0.1，所以剔除这个特征。

4.1.3　灾害体基本特征因子与滑坡稳定性相关性分析

在获得滑坡的基本特征数据后，本书对滑坡的高程、坡度、坡向、曲率、滑坡的平面形状、剖面形状、裂缝数量、裂缝位置、破坏方式等基本特征影响因子进行了特征提取。

本书是针对单个滑坡进行研究，滑坡是一个三维立体的对象，在滑坡范围内，地形数据的值在滑坡的不同部位是不同的，需要考虑提取具有代表性的值来表示滑坡地形这个影响因子。本书通过计算影响因子与滑坡稳定性的皮尔逊相关系数，对提取的滑坡精细的地形特征进行了选择。

首先，本书检验了高程影响因子与滑坡稳定性之间的相关性。计算从高程数据中提取的高程特征与滑坡稳定性之间的皮尔逊相关系数，来衡量提取的高程特征与滑坡稳定性的相关性。提取的滑坡高程特征与滑坡稳定性的皮尔逊相关系数如表4-3所示。

表4-3 高程特征与滑坡稳定性的相关性

特征	皮尔逊相关系数
标准差	0.47
高差	0.46
平均值	0.43
最小值	0.42
最大值	0.41

从表4-3中可以看出，滑坡高程特征与滑坡的稳定性的皮尔逊相关系数均大于0.4，说明滑坡的高程特征与滑坡稳定性相关性较强。相较之前研究考虑的高程特征，本书提取的滑坡高程特征与滑坡的稳定性更为相关。

接下来，对从坡度这个影响因子中提取的坡度特征与滑坡稳定性的相关性进行检验。与高程特征一样，本书同样采用皮尔逊相关系数来衡量坡度特征之间的相关性以及提取的坡度特征与滑坡稳定性之间的相关性，提取的坡度特征与滑坡稳定性的皮尔逊相关系数如表4-4所示。

表4-4 坡度特征与滑坡稳定性的相关性

坡度特征	皮尔逊相关系数
前缘坡度	0.2
平均值	0.19
最小值	0.12
后缘坡度	0.08
中部坡度	0.06
最大值	0.01
最大值与最小值差值	−0.04
标准差	−0.1

从表4-4中可以看出，提取的不同坡度特征与滑坡稳定性相关性不同。滑坡前缘坡度、坡度的最小值和坡度的标准差与滑坡稳定性的相关性明显高于其他坡度特征，而滑坡坡度的最大值、最大值与最小值的差值、滑坡后缘坡度和滑坡中部坡度与滑坡稳定性的相关性较小，这些特征与滑坡稳定性的皮尔逊相关系数都小于0.1，剔除这些坡度特征。因此，本书保留了坡度平均值、标准差、最小值和滑坡前缘坡度作为滑坡的坡度特征。

然后，对坡向这个影响因子所提取的特征进行相关性检验。本书主要从每个滑坡的坡向数据中提取了主坡向和坡向分布特征。滑坡在各个坡向上的占比一方面可以反映滑坡的主坡向，另一方面也在一定程度上反映了滑坡的坡向变化情况。滑坡坡向特征与滑坡稳定性的相关性如表4-5所示，从表中可以看出，之前许多研究中考虑的滑坡整体的主坡向特征与滑坡稳定性的相关性低于坡向分布特征与滑坡稳定性的相关性，而且滑坡的主坡向与滑坡的稳定性之间的皮尔逊相关系数小于0.1。因此，本书剔除滑坡主坡向这个特征，保留滑坡的坡向分布特征作为滑坡的坡向特征。

表4-5 坡向特征与滑坡稳定性的相关性

坡向特征	皮尔逊相关系数
坡向分布	0.25
主坡向	−0.06

曲率是坡面因子的一种，可以反映滑坡的地形起伏情况。本书对于曲率这个地形因子，主要提取了曲率的均值、标准差、最大值、最小值以及正负曲率分别所占的比率作为滑坡的曲率特征。

计算各个曲率特征与滑坡稳定性之间的皮尔逊相关系数，通过各个曲率特征与滑坡稳定性的相关性来筛选特征。曲率特征与滑坡稳定性的皮尔逊相关系数如表4-6所示。从表4-6中可以看出，滑坡曲率的平均值这个特征与滑坡稳定性的相关性最低，滑坡曲率的标准差与滑坡的稳定性的相关性最高。因为滑坡的正负曲率占比相加为1，所以正负曲率占比与滑坡稳定性的皮尔逊相关系数的绝对值相同。本书剔除曲率平均值、最小值和负曲率占比这三个特征，选取与滑坡稳定性相关性更高的曲率标准差、正曲率占比、最大值作为滑坡的曲率特征。

表 4-6　曲率特征与滑坡稳定性的相关性

曲率特征	皮尔逊相关系数
标准差	0.29
正曲率占比	0.23
负曲率占比	-0.23
最大值	0.1
最小值	-0.09
平均值	-0.03

本书从研究数据中提取了滑坡的平面形状、剖面形状、裂缝数量、裂缝位置、破坏方式，并利用皮尔逊相关系数，对这些滑坡影响因子与滑坡稳定性的相关性进行了检验，检验结果如表 4-7 所示。

表 4-7　部分灾害体基本特征影响因子与滑坡稳定性的相关性

影响因子	皮尔逊相关系数
剖面形状	-0.21
平面形状	-0.17
破坏方式	-0.17
裂缝数量	-0.1
裂缝位置	-0.06

从表 4-7 中可以看出，滑坡的剖面形状、平面形状和破坏方式这三个滑坡影响因子与滑坡稳定性关系密切，而滑坡的裂缝数量与滑坡稳定性的相关性高于裂缝位置与滑坡稳定性的相关性。因为裂缝位置与滑坡稳定性的皮尔逊相关系数低于 0.1，所以本书剔除了裂缝位置这个影响因子。

4.1.4　各影响因子与滑坡稳定性相关性分析总结

经过上面的分析，在滑坡稳定性研究方面，本书选择了以下特征作为重点特征因子：

（1）自然地理条件因子：滑坡与河流距离、年均降雨量。

（2）地质环境条件因子：房屋建筑类型、滑坡区内房屋面积、道路类型、地震烈度、岩层倾角、地层时代、水塘、岩层倾向、滑床岩性、地质构造类型、附近居民用水、滑体岩性、房屋与滑坡距离、地下水类型、居民生活污染、农田数量、道路位置。

（3）灾害体基本特征因子：高程标准差、高差、高程平均值、高程最大值、高程最小值、前缘高度、坡度平均值、坡向分布、曲率标准差、正曲率占比、剖面形状、平面形状、破坏方式、裂缝数量。

4.2 滑坡稳定性研究算法介绍

4.2.1 数据预处理

在数据收集和提取完成后，需要对数据进行预处理。经过预处理的数据，可以让各种各样的机器学习模型取得更好的预测结果。只有对数据进行预处理，数据的格式才能够规范统一，满足构建模型的要求。根据本书所提取的数据，需要进行以下的数据预处理操作：

（1）提取的滑坡数据种类复杂，既有连续型数据，又有离散型数据。连续型数据直接提取的数据为数值，例如坡度、曲率、降雨量等，本书将连续型数据的值直接作为特征。离散型数据是表示类别的数据，例如岩性、位置等数据，需将其转换为数值作为特征。本书采用根据类别编码的方案对离散型数据进行编码，将编码后的值作为特征。

（2）在提取的数据中，不是每一个滑坡都能提取到所有需要的数据，有些滑坡存在数据缺失的情况。数据缺失在文本数据的提取中尤为明显，由于在滑坡勘查过程中，不同勘测人员的勘测内容存在差异，不同滑坡缺失的数据不同。在数据的预处理中，本书对于缺失的值使用该特征下其余所有滑坡的均值进行填充。

（3）由于数据规格不一样，不能够放到一起比较。例如，滑坡的降雨量和滑坡的曲率就不是一个量级的，如果放到一起比较会影响机器学习模型的预测效果。因此，本书对每个特征进行了无量纲化的操作，将所有特征转换到同一量纲下。利用区间缩放的方法，将所有数据转换到了 [0，1]。

（4）本书将滑坡样本按照 8：2 的比例随机进行切分，分为训练集和测试集，训练集样本占总样本数的 80%，测试集样本占总样本数的 20%。本书采用 SMOTE 算法进行了样本均衡，经过样本均衡后的训练集用于模型训练。

4.2.2 基于 SVM 的滑坡稳定性评价模型

本书基于 Python 语言，搭建了基于 SVM 的滑坡稳定性评价模型，用训练集的数据对模型进行训练。在滑坡稳定性评价模型构建成功后，需要对模型的参数进行优化。SVM算法涉及的主要参数包括惩罚因子C和核函数中的参数。

　　模型中，首先要选择的是核函数。在SVM分类器中，最常用的四种核是线性核、Sigmoid核、径向基函数核以及多项式核。径向基函数核又称高斯核，高斯核对于低维和高维样本都能很好地识别，而且对于样本数量不敏感，都能取得好的分类结果。高斯核的另外一个优点就是收敛域较宽，分线性映射能力优异。因此，本书选取了高斯核为核函数参数。

　　Gamma参数决定着数据映射到新的特征空间后的分布。Gamma越大，支持向量越少；Gamma越小，支持向量越多。从图4-1（a）中可以看到，交叉验证分数随着Gamma值的增大而增大，在Gamma值为0.1附近达到峰值，之后随着Gamma值的增大而减小。

　　惩罚因子C是一个正则化参数，正则化的强度与C的大小成反比。C是一个严格大于0的参数。在具体的模型中，C的值越小，分类模型的复杂度越低。随着C的增大，模型变得复杂。分类模型的准确率开始时会随着C的增大而增大，当C到达一定的值时，准确率基本上不再发生变化。从图4-1（b）中可以看出，刚开始的时候，交叉验证得分随着惩罚因子C的增大而增大，在惩罚因子C到达3~4时，交叉验证得分取得最大值，随后不发生变化。

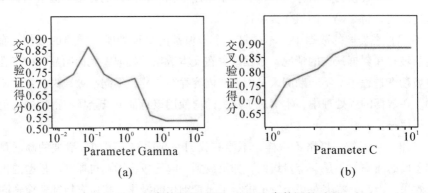

（a）Gamma参数调整过程；（b）C参数调整过程

图4-1　SVM中参数调整过程

　　为了便于找出各种参数组合的最优选择，本书采用网格搜索与交叉验证结合的方法来搜索最佳参数组合，本书选择的是五折交叉验证的方式。经过网格搜索，得到的模型的最优参数组合为['kernel'='rbf','C'=3'gamma'=0.1]，此时模型的训练集分类准确率最高达到0.90。根据搭建好的模型以及参数调优的结果，确定了最终的基于SVM的滑坡稳定性评价模型。

4.2.3　基于随机森林的滑坡稳定性评价模型

基于 Python 语言，本书搭建了基于随机森林的滑坡稳定性评价模型，使用训练集的滑坡数据对模型进行了训练。在模型训练完成后，针对随机森林算法的参数，本书对其进行了调整，使模型得到优化，对滑坡稳定性的评价效果得到了提升。

首先，进行调优的是随机森林的 Bagging 框架参数，主要包括 N_estimators、Oob_score。Oob_score 参数的值为 True 或 False，默认值为 False。Oob_score 参数表示是否采用袋外样本来评估模型的好坏。本书设置了开启袋外样本评估模型的好坏。N_estimators 数值代表最大弱学习器的个数。一般情况下，如果 N_estimators 太小，那么得到的分类模型容易出现欠拟合，如果 N_estimators 太大，计算量会很大，并且 N_estimators 增大到一定的数量后，再增大 N_estimators 模型也不会有太大的提升。

N_estimators 参数的调优过程如图 4-2 所示，随机森林分类器模型交叉验证得分一直有波动，但总体趋势是先随着 N_estimators 的增大而增大，达到峰值后略微减小，最终趋于平稳，不再变化。交叉验证得分在 N_estimators 值为 86 时最高，此时交叉验证的得分为 0.85。

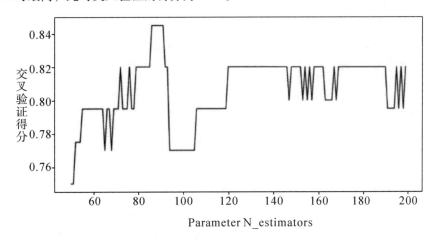

图 4-2　随机森林模型中 N_estimators 参数调整过程

下面再来对随机森林的决策树参数进行调优。

随机森林划分时会考虑最大特征数 Max_features，该参数的默认值为 Auto，此时划分时最多考虑 $\sqrt{N}$ 个特征，其中 N 为样本的总特征数。Max_features 的参数调整过程如图 4-3 所示。从图 4-3 中可以看出，随机森林分类器的交叉验证得分随着 Max_features 参数的变化而波动，在最大特征数为 6 时，模型的交叉验证得分最高为 0.92，表明此时随机森林分类器的分类准确率最高。

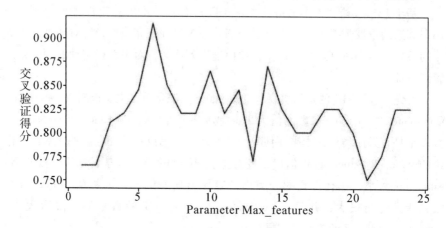

图 4-3　随机森林模型中 Max_features 参数调整过程

Max_depth 参数也是决策树的一个参数，代表了决策树的最大深度，这个参数限制了决策树建立子树的深度。对 Max_depth 参数进行了调整，调整过程如图 4-4 所示。由图 4-4 可得，随机森林分类器的交叉验证得分在 Max_depth 为 4 时最高。

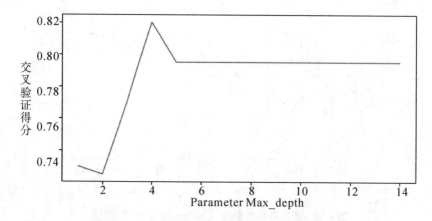

图 4-4　随机森林模型中 Max_depth 参数调整过程

Min_samples_split 参数为内部节点再划分所需的最小样本数，这个参数限制了子树继续划分的条件。当某结点的样本数少于 Min_samples_split 值时，就不会再继续选择最优特征来进行划分。Min_samples_split 参数调整过程如图 4-5

所示。从图 4-5 中可以看出，在 Min_samples_split 值较小时，模型的交叉验证得分较高，当 Min_samples_split 值为 3 时，随机森林模型的分类正确率最高。

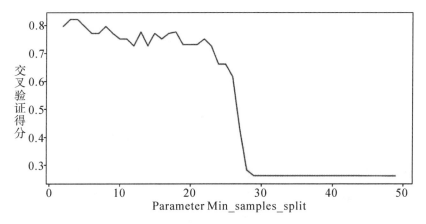

图 4-5　随机森林模型中 Min_samples_split 参数调整过程

Min_samples_leaf 参数代表叶子节点和最少样本数，默认是 1，可以输入最少的样本数的整数，或者最少样本数占样本总数的百分比。这个值限制了叶子节点最少的样本数，如果某叶子节点数目小于样本数，那么该叶子节点就会和兄弟节点一起被剪枝。Min_samples_leaf 参数调整过程如图 4-6 所示。从图 4-6 中可以看出，模型的交叉验证得分随着 Min_samples_leaf 的增大而先增大后减小，在 Min_samples_leaf 值为 3 时取得最大值。

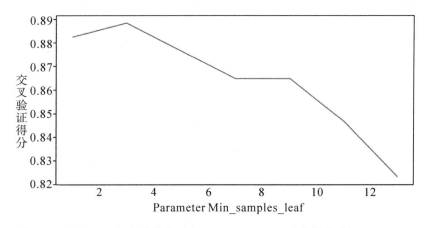

图 4-6　随机森林模型中 Min_samples_leaf 参数调整过程

决策树参数中的参数在确定最优参数的范围后，在得到的最优解参数附近进行小范围格网搜索，经过五折交叉验证得到最佳的参数组合。随机森林分类器最佳参数组合为 ['n_estimators'=86, 'max_ features'=6, 'min_samples_leaf'=3, 'max_depth'=4, 'min_samples_split'=3]，此时训练集的分类准确率最高，达到了 0.92，包外验证准确率为 0.87，以上这些结果表明随机森林模型的分类准确度较高，泛化能力优秀。

4.2.4 基于 XGBoost 的滑坡稳定性评价模型

根据 XGBoost 算法，本书构建了基于 XGBoost 的滑坡稳定性评价模型。在模型构建之后，需要对模型中的参数进行调整优化。XGBoost 算法涉及众多的参数，在构建 XGBoost 模型后，本书针对模型中的参数进行调整。

首先，对模型中的学习率（Learning_rate）参数进行调优。一般情况下，模型的 Learning_rate 值为 0.1。本书对学习率参数进行了调整，根据参数调整的结果，如图 4-7 所示，选择了较高的学习率 0.79，此时模型的交叉验证得分最高。

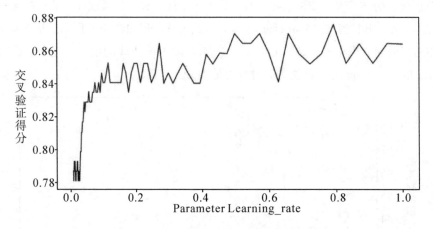

图 4-7　XGBoost 参数 Learning_rate 调整过程

其次，在学习率确定的情况下，对 XGBoost 算法中决策树的参数进行调整优化。

本书主要针对 Max_depth、Min_child_weight、Gamma、Subsample 参数进行调优。调优的结果如图 4-8 所示，其中（a）为参数 Max_depth 调整过程；（b）为参数 Min_child_weight 调整过程；　（c）为参数 Gamma 调整过程；

（d）为参数 Subsample 调整过程。Max_depth 参数为 6 时，交叉验证得分最高；交叉验证得分随着 Min_child_weight 的变化而波动，Min_child_weight 的值为 5 时，此时的交叉验证得分最高；Gamma 对于交叉验证得分的影响较大，Gamma 参数值为 0.17 时，交叉验证得分取得最大值；交叉验证得分随着 Subsample 的增大而增大，在 Subsample 值为 0.3 时达到峰值，之后随着 Subsample 值的增大而减小。

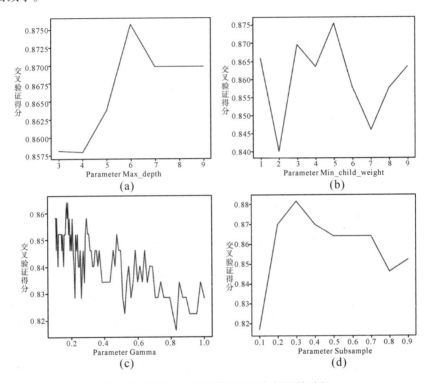

图 4-8　XGBoost 中决策树相关参数调整过程

注：（a）参数 Max_depth 调整过程；（b）参数 Min_child_weight 调整过程；（c）参数 Gamma 调整过程；（d）参数 Subsample 调整过程。

最后，需要对 XGBoost 的正则化参数进行调优，这里主要涉及参数 Alpha。从图 4-9 可以看出，交叉验证得分在 Alpha 取 0.01 时最高。Alpha 参数还有一个重要的作用就是在特征维数很高时，能使算法的速度更快。

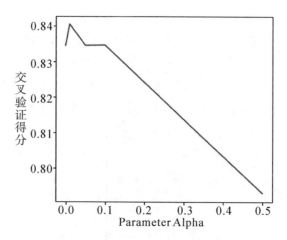

图 4-9　XGBoost 模型参数 Alpha 调整过程

　　在确定最优参数的范围后，在得到的最优解参数附近进行小范围格网搜索，经过五折交叉验证得到最佳的参数组合。XGBoost 分类器最佳参数组合为〔'gamma'：0.01，'learning_rate'：0.7，'max_depth'：2，'min_child_weight'：5，'subsample'：0.2，'alpha'：0.01〕，此时训练集的交叉验证得分最高为 0.93。

4.2.5　基于 LightGBM 的滑坡稳定性评价模型

　　在 XGBoost 算法之后，又产生了一种新的实现 GBDT 的算法 LightGBM。本书基于 LightGBM 的基本原理，搭建了基于 LightGBM 的滑坡稳定性评价模型。为了该模型能够很好地评价滑坡的稳定性情况，对 LightGBM 模型的参数进行了调整。

　　首先，需要确定 N_estimators 的值，根据交叉验证的结果，如图 4-10 所示，参数 N_estimators 为 48 时，交叉验证得分最高，之后波动，没有明显的提升。

　　其次，需要确定 Max_depth 和 Num_leaves。Max_depth 参数控制着树的最大深度，而 Num_leaves 则是控制树模型复杂性的重要参数。这两个参数是提高精度的最重要的参数。由图 4-11（a）可以看出，Max_depth 值为 6 时交叉验证得分最高，而对于参数 Num_leaves，由图 4-11（b）可以看出，交叉验证得分随着 Num_leaves 增大而增大，后随着 Num_leaves 的增大而减小，交叉验证得分在 Num_leaves 为 3 时最大。

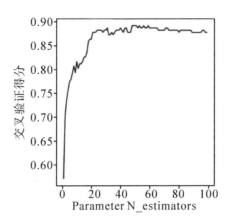

图 4-10 LightGBM 模型参数 N_estimators 调整过程

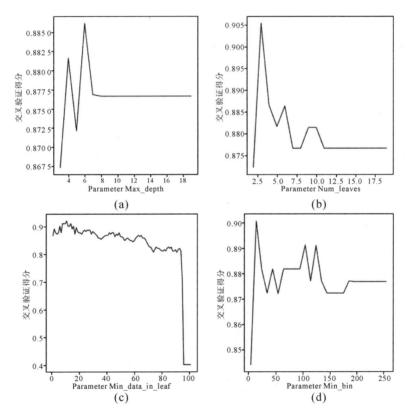

(a)

(b)

(c)

(d)

图 4-11 LightGBM 参数调整过程

注：（a）参数 Max_depth 调整过程；（b）参数 Num_leaves 调整过程；（c）参数 Min_data_in_leaf 调整过程；（d）参数 Min_bin 调整过程。

最后，需要调优的参数是 Min_data_in_leaf 和 Max_bin。Min_data_in_leaf 是一个避免模型过拟合的重要参数，而参数 Min_bin 的值可以提高速度。参数调整的过程如图 4-11（c）和图 4-11（d）所示，从图中可以看出，交叉验证得分在 Min_data_in_leaf 值为 11 附近取得峰值，在 Max_bin 值为 15 处取得峰值。

在参数调优的过程中，得到了每个参数最优的区间，为了找到最优的参数组合，本书采用网格搜索加交叉验证的方法。经过网格搜索和交叉验证，本书构建的 LightGBM 分类器模型的最优参数组合为 ['learning_rate': 1, 'max_bin': 13, 'max_depth': 4, 'min_data_in_leaf': 13, 'n_estimators': 40, 'num_leaves': 4]，在训练集上模型的分类准确率为 0.92。

4.2.6 基于 Stacking 的滑坡稳定性评价模型

在本章之前构建的四个滑坡稳定性评价模型中，SVM 模型是单学习器模型，而随机森林、XGBoost 和 LightGBM 属于集成学习模型。随机森林、XGboost 和 LightGBM 的基学习器都是决策树，它们都只包含多个同类型的基学习器。这四种基于机器学习方法的滑坡稳定性评价模型都实现了对滑坡的稳定性评价。为了进一步提高滑坡稳定性评价的效果，利用 Stacking 算法，本书将不同类型的学习器进行融合，组合成一个新的模型，探究新的融合模型对于滑坡稳定性评价的效果。

基于 Stacking 的融合模型一共由两层组成，第一层有多个初级学习器，而第二层通常采用一个次级学习器。在学习器的选择上，选择了将前面四种模型中表现最好的 SVM 模型、随机森林模型以及 LightGBM 模型进行融合，构建新的模型。在第一层的初级学习器，选择了表现良好的基于集成学习的随机森林和 LightGBM 模型。第二层的次级学习器，大多采用较为简单的学习器，因而选择将 SVM 模型作为第二层的模型。

搭建好的基于 Stacking 的滑坡稳定性融合评价模型如图 4-12 所示。将训练数据输入第一层的模型，第一层的模型输出的预测结果作为第二层模型的训练数据，最终经过第二层模型后，得到最终的预测结果。

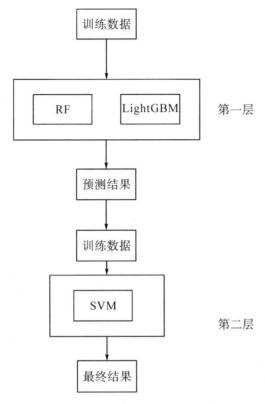

图 4-12　基于 Stacking 的融合模型

4.3　模型精度验证

在上一小节中，基于训练集数据，对于选择的四种机器学习算法，搭建起了滑坡稳定性评价模型，并对模型进行了优化。本书采用网格搜索和交叉验证的方式，对每个模型的参数进行了调整，找到了模型参数的最优组合。为了进一步提升模型的性能，本书基于 Stacking 算法搭建起了融合模型。在本节中，采用测试集的数据对五个滑坡稳定性评价模型的精度进行了验证。

首先，对基于 SVM 的滑坡稳定性评价模型进行验证。将测试集的数据输入训练好的模型中，经过对测试集分类结果的计算，基于 SVM 的滑坡稳定性评价模型准确率为 0.88。同时，用混淆矩阵来验证模型对不同类别滑坡的分类效果。测试集分类结果的混淆矩阵和归一化混淆矩阵如图 4-13 所示。

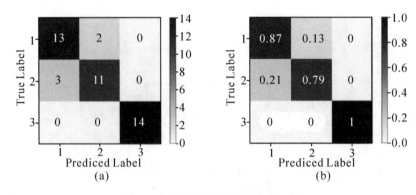

图 4-13　基于 SVM 模型的混淆矩阵

（a）混淆矩阵；（b）归一化混淆矩阵

由图 4-13 可以看出，基于 SVM 算法的滑坡稳定性评价模型表现良好，对于大多数样本能够正确分类。对于稳定性高的样本，SVM 分类器全部分类正确，而低稳定性和中等稳定性的样本则有些分类错误。有 2 个低稳定性的样本被分类为中等稳定性，3 个中等稳定性的样本被分类为低稳定性。低稳定性样本的分类正确率为 87%，中等稳定性的样本分类正确率为 79%。利用 Kappa 系数可以对分类效果进行评价。根据 SVM 模型的混淆矩阵，可以计算得到该模型的 Kappa 系数为 0.83。

SVM 模型对测试集的评价结果显示，基于 SVM 的滑坡稳定性评价模型的准确率达到了 88%，模型的混淆矩阵和 Kappa 系数显示模型评价的精度较高，评价的结果与真实结果一致性较高。

接下来，使用测试集数据对随机森林模型进行验证，模型的验证结果显示，基于随机森林的滑坡稳定性评价模型准确率为 0.93。同时，测试集分类结果的混淆矩阵和归一化混淆矩阵如图 4-14 所示。

由图 4-14 可以看出，基于随机森林算法的滑坡稳定性评价模型表现良好，对于大多数样本能够正确分类。对于稳定性高的样本，随机森林分类器全部分类正确，而低稳定性和中等稳定性的样本则有些分类错误。有 2 个低稳定性的样本被分类为中等稳定性，1 个中等稳定性的样本被分类为低稳定性。低稳定性样本的分类正确率为 88%，中等稳定性样本分类正确率为 89%。通过混淆矩阵，计算出随机森林模型的 Kappa 系数为 0.89。用测试集进行验证，结果显示基于随机森林的滑坡稳定性评价模型评价结果精度高，对于三种级别的稳定性，能够将滑坡正确地区分开来。

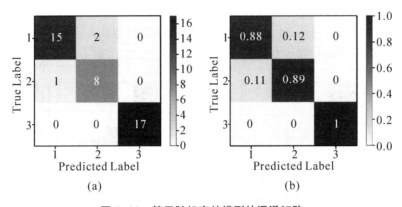

图 4-14　基于随机森林模型的混淆矩阵

（a）混淆矩阵；（b）归一化混淆矩阵

接下来使用测试集数据对 XGBoost 模型进行验证，模型的评价结果显示，基于 XGBoost 的滑坡稳定性评价模型准确率为 0.88。同时，测试集分类结果的混淆矩阵和归一化混淆矩阵如图 4-15 所示。

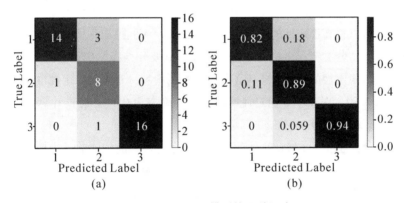

图 4-15　XGBoost 模型的混淆矩阵

（a）混淆矩阵；（b）归一化混淆矩阵

由图 4-15 可以看出，基于 XGBoost 算法的滑坡稳定性评价模型对于大多数样本能够正确分类。对于高稳定性、低稳定性和中等稳定性的样本都有些分类错误。有 3 个低稳定性的样本被分类为中等稳定性，1 个中等稳定性的样本被分类为低稳定性，1 个高稳定性样本被分类为中等稳定性。低稳定性样本的分类正确率为 82%，中等稳定性的样本分类正确率为 89%，高稳定性样本的分类正确率为 94%。通过混淆矩阵，计算出随机森林模型的 Kappa 系数为 0.82。

然后，利用测试集数据对基于 LightGBM 的滑坡稳定性评价模型进行验证，结果显示，基于 LightGBM 模型的滑坡稳定性评价模型准确率为 0.95。同时，测试集分类结果的混淆矩阵和归一化混淆矩阵如图 4-16 所示。

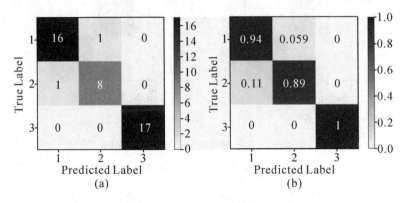

图 4-16　LightGBM 模型的混淆矩阵
（a）混淆矩阵；（b）归一化混淆矩阵

从图 4-16 中可以看出 LightGBM 模型对三个类别的滑坡稳定性评价准确率都很高。可以将高稳定性的滑坡全部正确分类，而低稳定性和中等稳定性的滑坡都只有一个分类错误，将一个低稳定性的滑坡分类为了中等稳定性的滑坡，将一个中等稳定性的滑坡分类为了低稳定性的滑坡。对于低稳定性滑坡的分类准确率为 0.94，对于中等稳定性滑坡分类准确率为 0.89。经过计算可得融合模型的 kappa 系数为 0.92。

新构建的基于 Stacking 算法的分类模型融合了之前构建的三个模型，对新的模型的性能进行了测试。基于 Stacking 算法的融合模型在测试中表现优异，准确率高，准确率为 0.95。按照本书前面对其他模型评估的指标，对新的融合模型的混淆矩阵和归一化混淆矩阵进行评估。如图 4-17 所示，可以从图中看出基于 Stacking 的融合模型对三个类别的滑坡稳定性评价准确率都很高。新的融合模型可以将中等稳定性和高稳定性的滑坡全部正确分类，而低稳定性的滑坡都只有两个被错误分类为中等稳定性，对于低稳定性滑坡分类的准确率为 0.88，对于中等稳定性滑坡和高稳定性滑坡分类的准确率为 100%。经过计算可得融合模型的 Kappa 系数为 0.93。

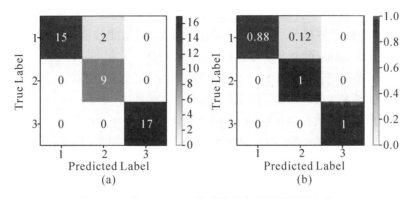

图 4-17 基于 Stacking 算法的融合模型的混淆矩阵

（a）混淆矩阵；（b）归一化混淆矩阵

利用测试集的数据，对基于机器学习算法构建的五个滑坡稳定性评价模型进行验证，根据验证的结果对不同模型进行了对比。不同的评价方法的效果对比如表 4-8 所示。

表 4-8 不同评价方法的效果对比

评价方法	Accuracy				Kappa
	总体	低稳定性	中稳定性	高稳定性	
SVM	0.88	0.87	0.79	1.00	0.83
RF	0.93	0.88	0.89	1.00	0.89
XGBoost	0.88	0.82	0.89	0.94	0.82
LightGBM	0.95	0.94	0.89	1.00	0.92
Stacking	0.95	0.88	1.00	1.00	0.93

从表 4-8 中可以看出，对于所有类别的滑坡样本，基于 Stacking 的融合模型和 LightGBM 模型评价的准确率最高为 0.95，随机森林模型的准确率稍差，准确率为 0.93，SVM 模型和 XGBoost 模型的准确率最低，只有 0.88。对于测试集中的高稳定性的滑坡样本，XGBoost 以外的四种模型都能正确评价滑坡的稳定性；对于中等稳定性的滑坡样本，只有基于 Stacking 的融合模型全部评价正确，其他模型中 SVM 模型的评价准确率最低；对于低稳定性的滑坡，五种评价方法都有错误分类的样本，评价准确率最高的是 LightGBM 模型。

由于构建的滑坡稳定性评价模型是多分类的机器学习模型，因而需要对模型 Kappa 系数进行比较。从表 4-8 可以看出，所有的滑坡稳定性评价模型的

Kappa 系数均大于 0.8，这说明评价结果与滑坡实际的稳定性程度具有高度的一致性。Kappa 系数越大，说明每个类别的滑坡都能被很好地分类。在五个模型中，基于 Stacking 的融合模型的 Kappa 系数最高，为 0.93，而 XGBoost 模型的 Kappa 系数最低，仅为 0.82。这是因为 XGBoost 三个类别的滑坡都有分类错误的样本，而基于 Stacking 的融合模型仅分类错了低稳定性的滑坡样本。

综上所述，所有的滑坡稳定性评价模型都取得了不错的评价结果，基于 Stacking 的融合模型有着最高的准确率和 Kappa 系数，对于各种稳定性程度的滑坡都能正确评价，说明融合模型对于滑坡稳定性评价的效果更好。

4.4　滑坡影响因子重要性验证

在滑坡稳定性评价模型构建成功后，可以对模型进行解释并找到最有用的预测因子来获取有用的信息。随机森林模型、XGBoost 模型和 LightGBM 模型可以得到特征重要性程度，通过这样的方式，可以对提取的滑坡影响因子的重要性程度进行验证。

首先，对基于随机森林的滑坡稳定性评价模型的特征重要性进行研究。提取的滑坡稳定性特征都输入了构建的随机森林分类器中，不同特征对于模型的贡献是不同的，为了查看每个特征对于模型的贡献程度，本书对模型的特征重要性程度进行了计算，将特征重要性程度进行排序，绘制特征重要性程度排名前十的特征，得到的结果如图 4-18 所示。

其中，对于滑坡稳定性分类影响最大的特征是坡度，接下来依次是滑床岩性、曲率、地震、高程、道路类型、降雨量、房屋面积、与河流的距离以及植被覆盖指数（NDVI）。前十的特征重要性程度占了所有特征重要性程度的 76.19%，表明这些特征对于滑坡稳定性分类的影响较大。

其次，对于 XGBoost 模型，查看每个特征对于模型的贡献程度，对 XGBoost 模型的特征重要性程度进行了计算，将特征重要性程度进行排序，绘制特征重要性程度排名前十的特征，得到的结果如图 4-19 所示。其中，对于滑坡稳定性分类影响最大的特征是坡度，接下来依次是滑床岩性、高程、道路类型、曲率、地震、与河流的距离、NDVI、房屋类型以及降雨量。这些特征在 XGBoost 模型中的特征重要性程度占所有特征重要性程度的 71.21%，对于滑坡稳定性评价的影响较大。

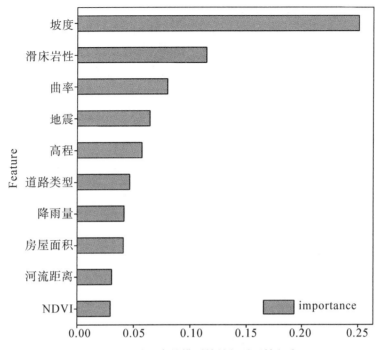

图 4-18　随机森林模型的特征重要性程度

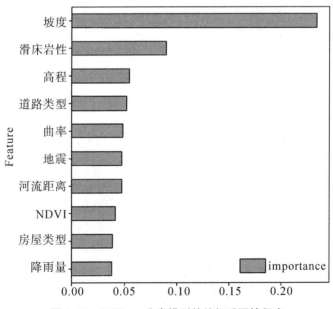

图 4-19　XGBoost 分类模型的特征重要性程度

最后，对 LightGBM 模型的特征的重要性程度进行了研究，分析各个特征对于模型评价结果的贡献程度。计算 LightGBM 模型的特征重要性程度，对 LightGBM 模型的特征重要性程度进行了评估，模型的特征重要性程度最高的 10 个特征如图 4-20 所示。特征重要性程度从高到低依次为坡度、高程、道路类型、滑床岩性、曲率、地震、河流距离、降雨量、房屋类型和裂缝数量。这 10 个特征在所有的特征中对模型的影响程度较大，占了所有特征重要性程度的 68.87%。

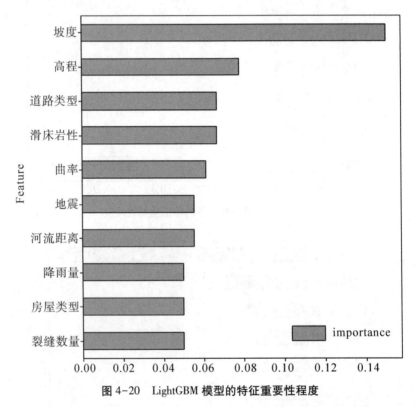

图 4-20　LightGBM 模型的特征重要性程度

从随机森林、XGBoost、LightGBM 三个模型的特征重要性程度结果可以看出，不同影响因子对于滑坡稳定性评价的影响差别很大，排名前十的特征占了所有特征重要性程度的 70% 左右，这些特征对于滑坡稳定性评价模型影响较大。坡度、曲率、高程、降雨量、滑床岩性以及道路和房屋这几个影响因子对于滑坡稳定性的影响最大，在滑坡特征重要性程度的验证中，特征重要性程度较高，坡度是所有模型中最重要的影响因子。

4.5 通江县滑坡易发性与风险分析

为了更直观地理解滑坡的风险性评价，本章节以通江县为案例详尽地针对其滑坡易发性与风险分析进行了拓展研究。主要是对通江县进行风险等级区划，基于这一研究目标，本章节主要从滑坡评价因子选取、评价单元划分、基于 PU-Bagging 的滑坡易发性空间预测，以及结合 CA-Markov 进行易发性动态预测入手，结合研究区现状，选择高程、坡度、坡向、曲率、地质、地貌、居民点、距离河流距离、距离道路距离、降雨这十个评价因子作为通江县滑坡灾害易发性空间预测的评价因子，并以此来实现滑坡易发性空间预测和风险评估，主要内容如下：

（1）完成相关资料的收集，包括地质灾害的统计资料、相关栅格和矢量数据、DEM、地质、地貌、气象、水文，以及人类活动等信息，并对数据进行整理、分析，得到处理后的评价因子。

（2）对研究区进行评价单元划分，主要划分方式分为格网单元和斜坡单元，格网单元是以 200×200 米为大小，利用 ArcGIS 的"fishnet"工具，构造规则格网，再对整个通江县进行单元切分，而斜坡单元是利用水文分析工具提取集水流域，并以此作为最小评价单元。

（3）在各个因子尺度下，提取该因子在每一个评价单元内的统计数据，选取均值、方差、极值和中位数等作为一个单元在某一个因子维度下的特征，然后利用 K-Means 聚类方式，将所提取的特征作为一个单元的属性值，在该因子尺度下对评价单元进行类别划分。例如，在 DEM 这一个因子尺度下，对每一个评价单元进行统计特征提取，并以此作为聚类分析的输入特征数据，对整个研究区的所有评价单元进行 DEM 类别划分，DEM 区域特征相似的单元将会被划分到同一类别，同理也对其余因子进行类别划分。以此类推，每一个评价单元，在每一个因子尺度下，都会隶属于一个类别，对其余所有因子进行处理，数据汇总后的结果如表 4-9 所示。

表 4-9 评价因子处理结果示意表

编号	高程类别	坡度类别	…	地质	地貌	降雨	是否发生灾害
1	4	5	…	P1l-m	I	0.138 418	0
2	6	5	…	T1f	III	0.138 420	0

表4-9（续）

编号	高程类别	坡度类别	…	地质	地貌	降雨	是否发生灾害
3	4	8	…	J21	Ⅰ	0.138 425	1
4	6	8	…	T1f	Ⅴ	0.138 419	0
…	2	5	…	J3p	Ⅲ	0.138 367	1
6 145	4	5	…	J3sn	Ⅳ	0.138 372	0
6 146	4	8	…	J2Q	Ⅲ	0.138 375	0

（4）将上一步骤得到的因子类别，作为因子特征值，进行模型构建，通过分析整个研究区的数据构成可以发现，其中发生灾害的单元与未发生灾害的单元比例悬殊，正负样本构成不平衡，因此在进行滑坡易发性评价模型构建时，需要解决样本平衡这一问题。因此，在本章节中，选择 PU-Bagging 作为预测模型，采用等比例选择抽样，进行样本构建，最终得到所有未发生灾害的评价单元发生滑坡的概率，对预测概率结果进行等级区划，即实现了对通江县滑坡灾害发生概率的空间预测。

（5）将 2013 年以前研究区所发生的滑坡灾害数据作为模型训练数据，将其输入易发性评价模型，得到通江县 2013 年的滑坡易发性空间预测区划图，再利用 2015 年以前研究区所发生的灾害数据作为训练数据，得到 2015 年的通江县易发性空间预测区划图。对所得结果进行精度验证，得到精度较高的评价单元划分方式和基学习器，来作为最佳预测模型参数，在此基础上得到精度较高的 2013 年和 2015 年研究区滑坡易发性空间的预测结果。并利用 CA-Markov 模型，将这两期数据作为输入数据，通过不断地调整模型参数，构建对比试验组，进行 2017 年的滑坡易发性预测，再将预测结果与 PU-Bagging 模型下所得到的 2017 年滑坡易发性分布情况做相似度计算，以相似性最高的试验组作为标准，并记录模型参数，将其用于预测将来特定时期的滑坡易发性空间分布图，即可得到 2019 年的滑坡易发性空间预测结果。

（6）将研究区经济数据纳入考虑，结合土地利用情况，进行承灾体加权密度分析，将其结果作为衡量研究区易损性的指标，得到研究区易损性分布图，并结合 2019 年滑坡灾害易发性分级结果，从而进行通江县风险评估，得到目前研究区各个空间位置的风险等级。

4.5.1 通江县滑坡易发性评价

4.5.1.1 评价单元划分

通常在进行地理空间类评价时，首要的工作就是确定研究区，划分评价单元，模型中的一个评价单元代表了地表的一部分，每一个评价单元内的各个属性具有同质性，在 GIS 中，对评价单元的划分最常用的有四种：格网单元、斜坡单元、行政区划单元、地貌单元。

格网单元是使用最多的，此类格网划分方式简单，计算容易，便于进行空间分析。此外，因为格网单元采用矩阵的形式组织数据，方便计算机处理，所以格网单元成为滑坡易发性研究中使用较为广泛的单元划分方法。

斜坡单元是适用于小区域山区的滑坡易发性评价，不适用于存在较大的凹陷盆地和开阔山谷地区，单元的划分需要有较高精度和分辨率的地形数据。它以各个山脊线包围的集水单元作为最小评价单元，常被用于流域划分和泥石流灾害的评价中。

行政区划单元较为适用于大范围的评价，例如全国生态状况、经济发展状况等评价，一般以行政区划单元为最小评价单位。

地貌单元是被国内外地球科学研究者普遍采用的一种模型单元。不同地质岩性，地形单元之间一般存在相应的分界线，以这些分界线为边界划分单元成为地貌单元。地貌单元有利于分析斜坡破坏与地形地貌之间的关系，但是其单元划分有较大的主观性。

考虑到以研究区域为特征，本小节采用了两种单元划分方式，分别是格网单元和斜坡单元。划分格网单元时，采用 ArcGIS 工具箱中 "create fishnet" 工具，将输出格网设置为 "polygon"，长宽分别为 200 米，即可得到覆盖研究区的 200×200 米规则格网，如图 4-21 所示。斜坡单元的划分方式，是利用水文分析提取流域的方法来进行提取，将利用模型构建并设计出完整的处理流程，输入数据为 DEM，输出数据为斜坡单元的矢量数据，模型如图 4-22 所示。

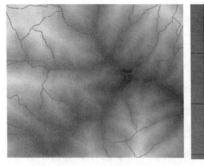 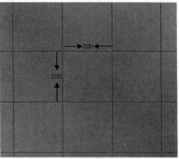

a）斜坡单元　　　　　　　　b）规则格网单元

图 4-21　评价单元划分

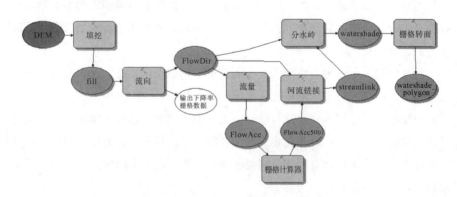

图 4-22　提取斜坡单元 Arcpy 模型

4.5.1.2　滑坡易发性因子处理

（1）滑坡易发性评价因子选择及分析。

滑坡易发性评价是以区域地质条件和地理特征为背景，并充分考虑人类活动和其他诱发因素对滑坡灾害的发生区域进行空间预测，评价的结果为易发性等级分布图。受地理环境影响，不同区域和不同研究尺度在滑坡易发性因子的选择上都存在着一定的差异。合理地分析研究区地质灾害发育特征、形成条件和影响因素，进而合理地选择评价因子，是滑坡易发性评价中至关重要的一个环节。本小节在深入分析通江县地质灾害调查资料的基础上，也充分考虑研究该区域地质灾害的孕灾环境，通过对研究区进行分析以及多渠道数据搜集，选择高程、坡度、坡向、曲率、地质、地貌、居民点、距离河流距离、距离道路距离、降雨十个评价因子作为通江县滑坡灾害易发性评价因子。

在获取各个评级因子数据时，利用四川省 30 米的 DEM 数据作为基本地形数据，利用 ArcGIS 裁剪工具，提取出通江县的 DEM 数据，结合空间分析工具，分别得到坡度、坡向、曲率数据。从数据可以看出，通江县地形呈南低北高的趋势，中低山的存在，为灾害的发生提供了物源基础。通江县南部地区，坡度也相对较低，主要以 20~30 度斜坡为主，有少量陡峭斜坡。居民点在东南方向比较集中，这也和研究区滑坡灾害的空间分布情况较为吻合，各个因子数据情况如表 4-10 所示。

表 4-10　评价因子数据

评价因子	数据描述	处理方式
DEM	栅格数据 取值范围：299~2 002 米	分别按单元提取特征，再利用 K-Means 聚类划分类别
坡度	栅格数据 取值范围：0~75 度	
坡向	栅格数据 取值范围：共九类	
曲率	栅格数据 取值范围：−14~−12	
地质	矢量面数据 共 20 种岩性类别	以因子类别作为评价单元的属性 （如一个单元有多重类型，以众数来代替）
地貌	矢量面数据 共 5 种地貌类型	
居民点	矢量点数据	以数据为位置中心，进行距离分析
河流	矢量线数据	
道路	矢量线数据	
降雨	栅格数据	以降雨量数据作空间插值，再提取每一个 评价单元所对应时期的降雨量平均值

（2）基于 K-Means 聚类分析的因子等级划分。

利用 K-Means 聚类的方式来处理评价因子，主要是针对地形因子，因为一个评价单元内，可能存在较大的地形起伏变化，所以如果仅仅使用均值来代替一个区域，很容易忽略区域内部的变化情况。

根据本书第三章的研究方法介绍，本小节将 K-Means 应用到因子处理中来，具体处理步骤如下：

①将评价因子图层和评价单元图层叠加，利用 ArcGIS"以表格显示分区统计"工具，统计每一个评价单元的因子信息，统计结果如表4-11所示。统计结果中每一行代表一个评价单元，每一列代表一个统计字段（如均值、方差等）。

表4-11　因子分区统计结果

OBJECTID	AREA	MIN	MAX	RANGE	MEAN	STD	SUM	…
1	0.000 004	1 276	1 393	117	1 324.270 833	35.150 0	63 565	…
2	0.000 066	1 275	1 688	413	1 423.402 81	63 565	1 215 586	…
3	0.000 000	1 319	1 353	34	1 331.5	11.800 424	7 999	…
4	0.000 137	1 274	1 775	501	1 525.675 281	116.725 367	116.725 36	…
5	0.000 004	624	1 014	390	783.069 966	108.553	45 418	…
6	0.000 000	1 164	1 168	4	45 418	1.632 993	3 498	…
7	0.000 037	628	1 441	813	1 092.787 815	153.460 172	153.460 17	…
8	0.000 001	1 120	1 155	35	1 139.428 571	12.033 966	7 976	…
9	0.000 082	1 055	1 643	588	1 382.53 615	132.802 373	1 472 401	…
…	…	…	…	…	…	…	…	…

②将所有统计字段作为输入因子，对评价单元聚类，将评价单元划分为八个类别，地形相似的区域，最终会被划分到同一个类别。再对聚类结果进行类别标记，如表4-12所示，ID表示评价单元编号，每一个评价单元会被划分到一个类别。

表4-12　评价单元聚类结果示意表

ID	MIN	MAX	MEAN	STD	…	类别
1	628	1 441	1 092	153	…	1
2	1 120	1 155	1 139	12	…	3
3	1 034	1 613	579	127	…	1
…	…	…	…	…	…	…

③重复以上步骤，对其余地形因子进行类别划分，每一个评价单元，在每一个因子下，都会被划分到一个类别，将类别划分结果作为相应因子的属性，代替传统的断点划分所得到的等级。划分结果如表4-13所示。

表 4-13　评价单元聚类结果

ID	DEM 类别	坡度类别	坡向类别	曲率类别
1	5	2	1	5
2	2	3	3	7
3	1	2	3	4
…	…	…	…	…
n	4	6	4	2

（3）基于 GIS 软件的因子处理。

①离散因子处理。

结合四川省地质环境监测站所提供的基本地理资料，得到研究区的地貌、岩性、交通水系等数据，对于这种离散的数据，可以直接以类别属性来作为输入属性，如地貌类型、岩性，只需要提取每一个评价单元所处的地貌和岩性类别来进行标识，无须进一步处理。

②距离分析。

河流的存在会侵蚀周围山体，长期以来，会使得坡脚土质流失，破坏坡体的稳定性，而道路交通，诱发滑坡的主要原因是在建设过程中的填挖所留下的失稳临空面，在极端条件的诱发下，很容易发生地质灾害。而居民点密集的区域，人类活动频繁，人类对自然的开采、破坏也就尤为严重。因此，距离道路、河流的距离，居民点的分布，都是重要的滑坡影响因素。在处理这些因子时，进行距离分析，可以得到研究区每一个位置距离道路、河流，以及居民点的距离。

③降雨数据处理。

实验使用的降雨数据来自全球降水测量卫星（GPM），该卫星群发射于2014 年 2 月 28 日，目前由 10 颗卫星组成，比热带降雨测量卫星（TRMM）数据有更高的空间分辨率，并涵盖全球降水观测数据。GPM 卫星上增加了新的Ka 波段降水雷达和高频微波仪器，以改善对小雨和降雪的观测。此外，GPM集成的多卫星反演可以显著提高其时空分辨率和空间覆盖范围。

根据已有的滑坡资料，以及分析目的，下载 2007—2018 年的四川省地区降雨数据。为了提取每一个评价单元的降雨量，首先需要将数据转换为 ArcGIS可识别的栅格数据，这一步骤采用建模工具进行批量处理，所构建的模型如图4-23 所示，通过一次输入，将所有数据转换为以降雨量为栅格单元值的栅格数据。

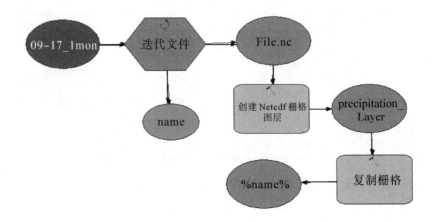

图 4-23 降雨数据处理模型

空间预测的目的主要是区分空间差异，地理位置是一个重要的标志，在本书中，以评价单元作为区分，因此，获得不同评价单元的降雨量相对差异分布也是降雨数据处理的最终目的。在实验中，以评价单元为单位，分区统计，获取每一个评价单元内的降雨量，以均值来表示一个单元的降雨水平，处理方式如图 4-24 所示。

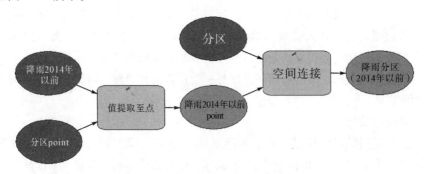

图 4-24 降雨数据区划图获取模型

根据本节评价时间尺度，以年为单位，且主要是以 2013 年、2015 年、2017 年为实验对象，因此在数据处理后，也得到了不同所需年份的降雨分布图。从降雨量分布数据可以看出，东南方地区的降雨量明显大于西北方地区，这和该地区的滑坡分布趋势较为一致，从整体趋势来看滑坡灾害也主要发生在东南地区。这也说明降雨分布和滑坡的发生有较强的关联。

4.5.1.3 基于 PU-Bagging 的滑坡易发性评价

通过 PU-Bagging 进行滑坡易发性分析时，根据第三章的模型介绍，利用多次随机抽样获取非滑坡样本，与滑坡样本组成训练集，这样充分地保证了正负数据的均衡。在实验过程中，采用不同的单元划分和不同的基学习器进行构建对比实验，并且为了保证验证数据的时间均衡性，对每一个评价年份，均以后两年所发生的灾害点作为验证数据，来评价模型的空间预测准确性。最终选择精度较高一组的模型，根据该实验组对应的基学习器和单元划分规则，预测得到 2013 年、2015 年、2017 年通江县滑坡灾害易发性空间预测结果。作为研究区滑坡空间易发性动态预测的依据，实验分组情况如表 4-14 所示。

表 4-14　滑坡易发性评价模型基础实验分组

序号	单元划分方式	基学习器选择	年份/年
1	网格单元	决策树	2013
2	网格单元	决策树	2015
3	网格单元	神经网络	2013
4	网格单元	神经网络	2015
5	网格单元	SVM	2013
6	网格单元	SVM	2015
5	斜坡单元	决策树	2013
6	斜坡单元	决策树	2015
7	斜坡单元	神经网络	2013
8	斜坡单元	神经网络	2015
9	斜坡单元	SVM	2013
10	斜坡单元	SVM	2015

（1）基于斜坡单元的滑坡易发性评价。

①数据准备。

在以斜坡单元为最小评价单元时，首先利用斜坡单元划分方式，将通江县的 DEM 作为模型输入数据，通过如图 4-25 所构建的 Arcpy 模型，运算得到矢量面数据图层文件。该图层即为后续评价的斜坡单元，以汇流累积量小于 500 作为分割依据，研究区一共被划分为 6 146 个评价单元。获取每一个单元的各个评价因子属性类别，以及利用 ArcGIS 空间连接工具，提取灾害点所处的评价单元编号，将 6 146 个评价单元的数据进行汇总，并导出成 dbf 表文件，以供后续使用，灾害点数据汇总情况示意表如表 4-15 所示。

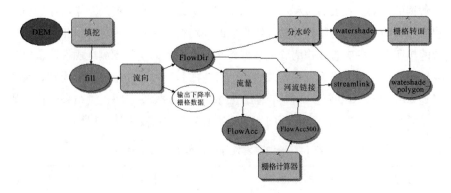

图 4-25　水文分析模型

表 4-15　评价单元属性汇总表

编号	高程类别	坡度类别	…	距离河流距离	地质	地貌	降雨	是否发生灾害
1	4	5	…	2	$P_1l\text{-}m$	I	0.138 418	0
2	6	5	…	1	T_1f	III	0.138 420	0
3	6	5	…	3	$J_1d\text{-}j$	II	0.138 422	0
4	6	5	…	1	J_2s	I	0.138 424	0
5	4	8	…	1	J_2l	I	0.138 425	1
6	6	8	…	4	T_1f	V	0.138 419	0
7	4	8	…	1	$J_1d\text{-}j$	IV	0.138 353	0
…	2	5	…	2	J_3p	III	0.138 367	1
6 145	4	5	…	1	J_3sn	IV	0.138 372	0
6 146	4	8	…	1	J_2Q	III	0.138 375	0

②模型构建。

在完成数据准备工作后,通过构建模型来进行不同年份的易发性评价。通过统计分析可以发现,截至 2013 年年底,研究区的 6 146 个评价单元内,共计有 575 个评价单元发生过灾害;截至 2015 年年底,共计 675 个评价单元发生过灾害;截至 2017 年年底,共计 702 个评价单元生过滑坡灾害。由此可见,滑坡区在整个研究区基本占 1/10 左右,因此在使用 PU-Bagging 模型进行易发性评价时，模型迭代前，需要控制非滑坡样本的抽样比例，以控制样本均衡。针对不同年份的评价，根据数据结构分布，抽样比例也存在一定的差异，并以80%数据作为训练样本，以20%数据作为验证集，样本构建如表4-16所示。

表 4-16　模型样本构建

年份	分割样本集 4∶1	滑坡区域	剩余区域	抽样比例
2013 年	训练	460	4 456	10%
	验证	115	1 115	
2015 年	训练	540	4 376	12%
	验证	135	1 095	
2017 年	训练	561	4 355	13%
	验证	141	1 089	

在确定输入数据以及抽样方式后，首先以决策树为基学习器，构建 1 000 棵决策树，训练过程如下：

第一，提取滑坡样本，作为训练模型的正样本。

第二，从未标记本中随机抽取对应比例的样本区域来作为负样本。

第三，将第一、第二步所获取的样本作为模型训练集，构建决策树。

第四，将第三步中训练所得到的分类器应用于剩余未标记样本-OOB（"out of bag"）并记录其属于正样本的概率。

第五，重复 1 000 次，即构建 1 000 棵决策树，最终记录每个未标记样本属于正样本的概率。

完成以决策树为基学习器的 PU-Bagging 模型训练以后，将上述步骤中的基学习器更换为神经网络以及 SVM，重新记录每个未标记样本属于正样本的概率（滑坡概率），构建新的实验组。

③结果分析。

通过上述步骤，得到每一个评价单元属于正样本的概率，即滑坡概率。将结果输出成 csv 或 excel，通过 ArcGIS 关联表，根据滑坡发生概率大小，将易发性等级划分为五个等级，低易发性（<0.2）、较低易发性（0.2-0.5）、中度易发性（0.5-0.6）、较高易发性（0.6-0.8）、高易发性（>0.8）。然后以该等级划分依据进行地图渲染，得到 2013 年和 2015 年在不同基学习器所构建的模型下，通江县滑坡易发性评价结果。

在进行结果验证时，利用 ROC 曲线来衡量模型的分类精度（图 4-26、图 4-27、图 4-28），该曲线是以敏感度和特异性为横纵坐标，分别表示伪阳性率（FPR）和真阳性率（TPR）。计算公式如式 4-1、式 4-2 所示：

$$FPR = TP/(TP + FN) \qquad （式 4-1）$$
$$TPR = FP/(FP + TN) \qquad （式 4-2）$$

式中：TP 表示真阳性，滑坡样本被正确预测成滑坡样本；

FP 表示伪阳性，非滑坡样本被预测成滑坡样本；

TN 表示真阴性，非滑坡样本被正确预测成非滑坡样本；

FN 表示伪阴性，滑坡样本被预测成非滑坡样本。

对不同基学习器构建的 PU-Bagging 模型，利用验证数据集进行精度验证，验证结果如表 4-17 所示。

表 4-17　模型验证 AUC 统计

年份	AUC		
	决策树为基学习器	神经网络为基学习器	SVM 为基学习器
2013 年	0.724	0.741	0.704
2015 年	0.716	0.729	0.721

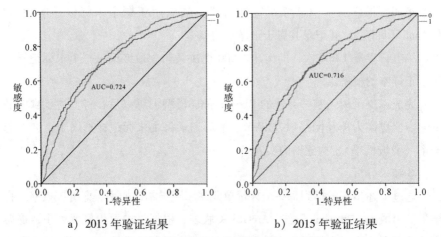

a）2013 年验证结果　　　　b）2015 年验证结果

图 4-26　以决策树为基学习器的 ROC 曲线

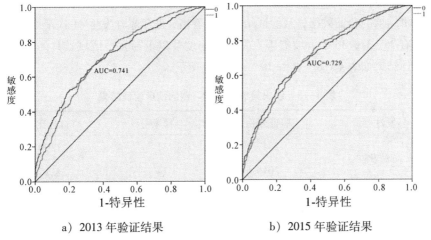

a）2013 年验证结果　　　　　　　b）2015 年验证结果

图 4-27　以神经网络为基学习器的 ROC 曲线

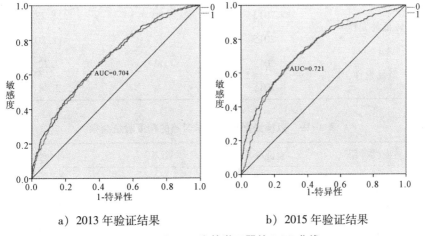

a）2013 年验证结果　　　　　　　b）2015 年验证结果

图 4-28　以 SVM 为基学习器的 ROC 曲线

AUC 的取值在 0.5~1，值越大，说明模型预测效果越好。通过验证结果可以看出，模型的 ROC 曲线下的面积都大于 0.7。这说明模型预测精度较高，且通过结果可以看出，神经网络作为 PU-Bagging 模型的基学习器时，精度优于其他两个模型。

当以灾害发生率作为验证标准时，将 2014 年和 2015 年的灾害点数据叠加在 2013 年易发性结果图层上，再提取灾害点所处的易发性等级，以此来作为2013 年易发性评价的验证依据。从结果可以看出，通江县两年一共出现了 141个灾害点，在三种基学习模型下，分别有 98、104、88 个滑坡灾害点发生在中度及以上易发性区域。同理将 2016 年和 2017 年的灾害数据作为 2015 年易发性评价结果的验证数据，从验证结果可以看出，两年累计发生 41 次滑坡灾害，分别有 35、37、36 个滑坡灾害点发生在中度及以上易发性区域。具体验证数据统计结果如表 4-18、表 4-19、表 4-20 所示。

表 4-18　以决策树为基学习器的精度验证结果

易发性等级	验证年份	频率	百分比
高易发性	2013	31	21.99
	2015	14	34.15
较高易发性	2013	44	31.21
	2015	14	34.15
中度易发性	2013	23	16.31
	2015	7	17.07
较低易发性	2013	30	21.28
	2015	5	12.20
低易发性	2013	13	9.22
	2015	1	2.44

表 4-19　以神经网络为基学习器的精度验证结果

易发性等级	验证年份	频率	百分比
高易发性	2013	29	20.57
	2015	15	36.59
较高易发性	2013	48	34.04
	2015	19	46.34
中度易发性	2013	27	19.15
	2015	3	7.32
较低易发性	2013	25	17.73
	2015	3	7.32
低易发性	2013	12	8.51
	2015	1	2.44

表 4-20　以 SVM 为基学习器的精度验证结果

易发性等级	验证年份	频率	百分比
高易发性	2013	27	20.61
	2015	12	29.27
较高易发性	2013	40	30.53
	2015	13	31.71
中度易发性	2013	21	16.03
	2015	11	26.83
较低易发性	2013	38	29.01
	2015	4	9.76
低易发性	2013	15	11.45
	2015	1	2.44

（2）基于格网单元的滑坡易发性评价。

①数据准备。

格网单元作为使用最广泛的评价单元类型，此类格网划分方式简单，计算容易，便于进行空间分析。因此，在本书中，也采用此种格网划分方式来构成对比试验，通过 ArcGIS 中的"create fishnet"工具，将格网大小设置为 200×200 米，得到覆盖研究区的 200 米大小的规则格网。此时研究区一共被划分为100 559 个单元，从而获取每一个评价单元的各个因子属性类别，以及利用ArcGIS 空间连接工具提取灾害点所处的评价单元编号，最后将 135 178 个评价单元数据进行汇总，生成 dbf 表格文件，作为后续模型基础输入数据。

②模型构建。

从提取的数据文件可以看出，研究区共计发生了 887 次滑坡灾害，截至2013 年年底，研究区的 6 146 个评价单元内，共计 695 个单元发生过灾害，截至 2015 年年底，共计 834 个单元发生过灾害，截至 2017 年年底，共计 874 个单元发生过滑坡灾害。从样本分布来看，发生过滑坡的单元仅占整个区域的1%，在使用 PU-Bagging 模型进行易发性评价时，模型迭代前需要对非滑坡样本进行随机抽样，为了控制样本均衡，抽样比例也存在一定的差异。80%数据用来构建训练集，20%作为验证集，样本构建如表 4-21 所示。

表 4-21　模型样本构建

年份	分割样本集 4∶1	滑坡区域	剩余区域	抽样比例
2013 年	训练	532	51 081	1%
	验证	133	12 770	
2015 年	训练	635	50 978	1.2%
	验证	159	12 744	
2017 年	训练	672	50 940	1.3%
	验证	168	12 736	

③结果分析。

通过模型计算，得到每一个评价单元发生灾害的概率，将结果输出并关联至图层属性，将发生概率划分为五个易发性等级，即低易发性（<0.2）、较低易发性（0.2~0.5）、中度易发性（0.5~0.6）、较高易发性（0.6~0.8）和高易发性（>0.8）。以决策树、神经网络和 SVM 分别作为基学习器，构建对比实验组，得到 2013 年和 2015 年的滑坡易发性评价结果。

同样采用两种方式来进行结果验证，先采用 ROC 曲线进行预测准确性验证，验证结果如表 4-22 所示。

表 4-22　模型验证 AUC 统计

年份	AUC		
	决策树为基学习器	神经网络为基学习器	SVM 为基学习器
2013 年	0.724	0.770	0.719
2015 年	0.719	0.731	0.722

在分别以决策树和神经网络作为基学习器时，不同年份的 ROC 曲线如图 4-29、图 4-30、图 4-31 所示。

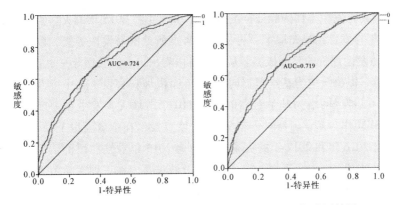

a）2013 年验证结果 b）2015 年验证结果

图 4-29 以决策树为基学习器的验证结果

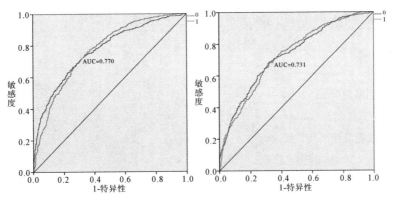

a）2013 年验证结果 b）2015 年验证结果

图 4-30 以决策树为基学习器的验证结果

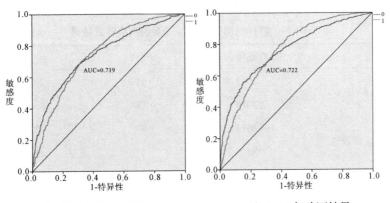

a）2013 年验证结果 b）2015 年验证结果

图 4-31 以决策树为基学习器的验证结果

当以灾害发生率作为验证标准时，将 2014 年和 2015 年的灾害点数据叠加在 2013 年易发性结果图层上，再提取灾害点所处的易发性等级，以此来作为 2013 年易发性评价的验证依据。从结果可以看出，通江县两年一共出现了 141 个灾害点，以决策树为基学习器时，有 96 个滑坡灾害发生在中度及以上易发性区域；以神经网络为基学习器时，有 110 个滑坡灾害发生在中度及以上区域。以 SVM 作为基学习器时，有 92 个滑坡点发生在中度及以上易发性区域。同理，将 2016 年和 2017 年的灾害数据作为 2015 年易发性评价结果的验证数据，结果可以看出，两年累计发生 41 次滑坡灾害。在三种基学习器下，分别有 34、38、36 个滑坡点发生在中度及以上易发性区域内。具体验证数据统计结果如表 4-23、表 4-24、表 4-25 所示。

表 4-23　以决策树为基学习器的精度验证结果

易发性等级	验证年份	频率	百分比
高易发性	2013	35	24.82
	2015	24	58.54
较高易发性	2013	37	26.24
	2015	8	19.51
中度易发性	2013	24	17.02
	2015	2	4.88
较低易发性	2013	31	21.99
	2015	5	12.20
低易发性	2013	14	9.93
	2015	2	4.88

表 4-24　以神经网络为基学习器的精度验证结果

易发性等级	验证年份	频率	百分比
高易发性	2013	41	29.08
	2015	18	43.90
较高易发性	2013	47	33.33
	2015	17	41.46
中度易发性	2013	22	15.60
	2015	3	7.32

表4-24(续)

易发性等级	验证年份	频率	百分比
较低易发性	2013	19	13.48
	2015	3	7.32
低易发性	2013	12	8.51
	2015	0	0.00

表 4-25   以 SVM 为基学习器的精度验证结果

易发性等级	验证年份	频率	百分比
高易发性	2013	35	24.82
	2015	9	21.95
较高易发性	2013	40	28.37
	2015	14	34.15
中度易发性	2013	17	12.06
	2015	13	31.71
较低易发性	2013	27	19.15
	2015	2	4.88
低易发性	2013	22	15.60
	2015	3	7.32

从上述研究结果可以发现,在两种验证模式下,以神经网络作为基学习器的模型精度都更优于以决策树作为基学习器的。而在两种格网划分方式下,规则格网有较高的精度。但在以灾害发生概率时,由于 2015 年以后研究区内滑坡发生的数量较少,存在偶然性,验证结果存在一定的偏差。因此本书中,选择以规则格网为单元划分方式,并以神经网络为基学习器所得到的滑坡易发性空间预测结果来作为 CA-Markov 模型的数据支撑。

4.5.1.4   基于 CA-Markov 的滑坡易发性动态预测

对通江县的滑坡灾害易发性进行动态预测的模型实验以 PU-Bagging 构建的滑坡易发性评价模型为基础,动态评价模型以三期滑坡易发性评价结果为数据支撑。通过 CA-Markov 模型输入 2013 年和 2015 年的滑坡易发性空间预测结果得到转移概率矩阵,将转移矩阵应用于预测 2017 年通江县的滑坡易发性空间分布情况。再通过调整邻居类型和迭代次数来构建 44 组对比实验,实验中,邻居类型分别采用 Moore 和 Von-Neumannn，而迭代次数选择 10～50，以 4 为增量，如表 4-26 所示。

（1）评价模型精度验证。

通过前文构建的对比实验组，得到多组 2017 年滑坡易发性预测结果，并以 PU-Bagging 模型得到的 2017 年滑坡易发性空间预测结果作为参考标准，通过对比来验证预测模型精度。

在进行评价结果精度验证时，采用 Kappa 系数作为一致性指标，这也是最常用的一种验证方式。通常当 Kappa 系数值小于 0.4 时，认为评价结果的一致性较差；当 Kappa 系数介于 0.4～0.6 时，认为评价模型一致性一般；当 Kappa 系数介于 0.6～0.8 时认为评价模型的一致性较好。当 Kappa 系数大于 0.8 时，则得到最佳一致性。实验组 Kappa 系数计算结果如表 4-26 所示，通过所构造的 44 组对比试验，选择 Kappa 系数最高的那一组参数作为预测模型的最优参数组合，并以此来实现 2019 年滑坡易发性空间预测。

表 4-26　动态预测对比实验组

编号	邻居类型	迭代次数	Kappa 系数
1	3×3 Moore	10	0.768 3
2	3×3 Moore	14	0.770 4
3	3×3 Moore	18	0.775 6
4	3×3 Moore	22	0.777 3
5	3×3 Moore	26	0.777 3
6	3×3 Moore	30	0.777 8
7	3×3 Moore	34	0.777 6
8	3×3 Moore	38	0.777 6
9	3×3 Moore	42	0.777 6
10	3×3 Moore	46	0.777 6
11	3×3 Moore	50	0.777 5
12	5×5 Moore	10	0.778
13	5×5 Moore	14	0.779 1
14	5×5 Moore	18	0.781 3
15	5×5 Moore	22	0.788 2

表4-26(续)

编号	邻居类型	迭代次数	Kappa 系数
16	5×5 Moore	26	0. 788 5
17	5×5 Moore	30	0. 788 5
18	5×5 Moore	34	0. 788 6
19	5×5 Moore	38	0. 788 3
20	5×5 Moore	42	0. 788 3
21	5×5 Moore	46	0. 788 1
22	5×5 Moore	50	0. 768 1
23	3×3 von-Neumann	10	0. 801 6
24	3×3 von-Neumann	14	0. 801 9
25	3×3 von-Neumann	18	0. 810 2
26	3×3 von-Neumann	22	0. 811 2
27	3×3 von-Neumann	26	0. 810 2
28	3×3 von-Neumann	30	0. 811 7
29	3×3 von-Neumann	34	0. 811 3
30	3×3 von-Neumann	38	0. 811 7
31	3×3 von-Neumann	42	0. 811 7
32	3×3 von-Neumann	46	0. 811 9
33	3×3 von-Neumann	50	0. 811 8
34	5×5 von-Neumann	10	0. 787 8
35	5×5 von-Neumann	14	0. 788 4
36	5×5 von-Neumann	18	0. 793 2
37	5×5 von-Neumann	22	0. 801 1
38	5×5 von-Neumann	26	0. 800 5
39	5×5 von-Neumann	30	0. 800 8
40	5×5 von-Neumann	34	0. 800 8
41	5×5 von-Neumann	38	0. 800 9
42	5×5 von-Neumann	42	0. 800 6
43	5×5 von-Neumann	46	0. 800 9
44	5×5 von-Neumann	50	0. 800 6

（2）结果分析。

从模型预测结果发现，在迭代次数一定的情况下，以 Von-Neumannn 为邻居类型时，模型精度明显高于 Moore 邻居类型。当邻居类型固定时，随着迭代次数的增加，Kappa 系数逐渐稳定。当迭代次数大于 22 时，Von-Neumannn 邻居类型的最大 Kappa 系数接近 0.811 9，Moore 模型的邻居类型最大接近 0.788 6。通过实验数据可以发现，第 32 组实验 Kappa 系数最高。因此在模型迭代次数为 46 左右增加实验组，并计算 Kappa 系数，结果如表 4-27 所示。

表 4-27　新增实验组

编号	邻居类型	迭代次数	Kappa 系数
1	3×3 von-Neumann	43	0.811 6
2	3×3 von-Neumann	44	0.811 9
3	3×3 von-Neumann	45	0.811 9
4	3×3 von-Neumann	47	0.812 1
5	3×3 von-Neumann	48	0.812 0
6	3×3 von-Neumann	49	0.811 9

从结果分析可以发现，当迭代次数为 47 时，邻居类型为 3×3von-Neumann 时，模型预测精度最高，Kappa 系数为 0.812 1。

4.5.2　通江县滑坡灾害风险分析

4.5.2.1　研究区易损性计算

承灾体易损性分析的前提是提取研究区内受滑坡威胁对象的数据，主要包括人口、财产、公共设施、土地资源等，但由于本次研究范围较大，受资料限制，无法对研究区的承载体类型进行详细划分，因此主要考虑河流交通以及居民点这三大主要承载体，其中交通道路主要包括铁路、高速公路（国道、省道）和桥梁。部分基础数据来源于四川省地质环境监测站。

在以往的研究中，对易损性进行分析时，主要是对单位面积或者单个评价单元的价值进行估算，得到研究区内，不同评价单元的价值分布情况。因此，研究时，首先要确定不同的承载体经济价值，不同的土地类型、建筑结构，以及分布位置，都对应于不同的经济价值。再综合计算一个评价单元内所包含的承载体数量，从而进行价值评估，这样的方式，计算过程较为烦琐，数据处理量过大，且每一个经济体的价值金额对易损性分级评估并没有实际价值，最终目的只是计算评价单元间的差异。

因此，在本书的研究中，采用加权密度制图的方式，来进行研究区内的价值评估。以重要承灾体加权叠加的结果来代替区域经济价值，以此来体现不同评价单元的价值差异，这在很大程度上减少了数据处理的冗余，节约了计算成本，具体处理方式如下：

（1）搜集研究区的道路、水系、居民点这三类主要承载体数据，然后利用 ArcGIS 进行密度分析。

（2）从以往的研究中可以看出，滑坡灾害的发生威胁最大的对象就是人，这也是应该首先保障的对象，其次是交通和水系。因子在综合计算研究区易损性的时候，采用加权叠加的方式，三者权重分别为 0.5，0.3，0.2。然后利用 ArcGIS 的栅格计算工具，进行加权叠加计算。再将数据关联至评价单元，按评价单元进行等级划分，从而得到研究区承灾易损性分级图。

4.5.2.2 结果分析

从不同等级的密度分布数据可以看出，通江县南都地区交通复杂，河流道路交错，区域内存在大量的开发建设，这在为居民提供便利的时候，也破坏了当地原本的地理结构稳定性，使得南部地区灾害频发。

本章节以交通、水系和居民点为主要承灾对象，对研究区内的易损性进行研究。由研究结果可以看出，影响易损性的主要因素就是承灾体类型和分布情况，对于那些土地利用类型较为多样化，人口及财产较为集中的区域，易损性值相对较高。而那些人类活动少的地区，在易损性分析的过程中，难以衡量价值的损失。同时，根据不同需求，以及承灾体分布位置的不同，不同承灾体的价值会存在很大差异。因为研究区承灾体类型较多，且研究区覆盖范围较大，无法对每一个区域、每一种类型的承灾体——实地核算其价值，只能通过前人的研究数据和搜集一些相关文字资料来进行分析，所以分析结果与实际情况可能会存在差异。

4.5.2.3 通江县滑坡灾害风险评价

本书在进行滑坡灾害风险评价时，采用定量的分析方法，将易发性与承灾体易损性进行叠加运算。因为难以确定具体的价值金额，所以在进行易损性分析的时候，采用重要性加权制作密度图，将其作为评价单元的价值指标，并对其进行等级划分，得到易损性等级图。

根据第四章的滑坡易发性动态模型的分析结论，以 3×3von-Neumann 为邻居类型，迭代次数为 47 次，得到通江县 2019 年的滑坡易发性区划结果，并利用滑坡风险评价方法介绍中的风险计算公式，得到通江县滑坡风险计算结果，并将风险分析结果进行区划，将风险等级从高到低，分为五个等级。

由结果可知，风险在地域上存在很大的差异。高海拔地区，承灾体类型单一，承灾体经济价值相对较低，灾害威胁对象少，因子滑坡灾害的发生所导致的风险也较低。而对于那些人口密度大，地质类型复杂，人类活动多的区域，风险较大，且高风险地区也正是滑坡灾害发生最集中的区域。从中也可以看出，人类的工程活动，对灾害的发生产生了巨大作用，同时灾害的发生，也对人类分布集中的区域产生了更大的威胁。因此，人类的灾害往往是互相影响的，要想从根源上解决问题，合理地开发利用尤为关键。

通过对通江县的风险分析，本节主要介绍了利用加权密度的方式进行研究区易损性的估算，得到易损性区划图，再结合第四章的滑坡易发性动态预测模型，得到2019年的滑坡易发性现状空间预测结果。通过易发性空间预测结果和易损性区划图两者进行叠加计算，得到2019年通江县滑坡灾害风险分布情况。评价结果展示了通江县内的风险分布。分析结果可以发现，高风险地区主要集中在通江县南部，这些区域人类活动频繁，降雨量较高，符合预期假设。评价结果也为今后的开发利用以及建设提供依据，在开发过程中，应该首先避开那些高风险区域，并且对那些人类活动频繁的高风险地区采取一些防治措施，如修建挡土墙，增加抗滑桩等，以降低灾害发生所造成的损失。

5 治理工程定性推荐模型研究

本书的研究重点在于滑坡的治理措施推荐，包括滑坡治理工程定性推荐模型的研究以及滑坡治理工程定量推荐模型的研究。本章介绍滑坡治理工程定性推荐模型研究的一些实验。

5.1 潜在滑坡治理措施影响因子分析

滑坡定性推荐主要是对滑坡治理措施种类推荐进行研究，本书在研究滑坡治理措施时，根据实际勘察设计报告的治理设计方案总结并选择了 13 种治理措施，如表 5-1 所示。

表 5-1　治理措施种类

序号	治理措施
1	抗滑桩
2	重力式抗滑挡墙
3	桩板式抗滑挡墙
4	排水工程
5	裂缝填埋
6	格构锚固
7	孤石清理
8	拦石墙
9	锚杆
10	防渗漏
11	回填压脚

表5-1(续)

序号	治理措施
12	削方减载
13	主动网

本书选择抗滑桩、排水工程、格构锚固作为代表,研究滑坡特征与治理措施种类的相关性。

5.1.1 自然地理条件因子与滑坡治理措施相关性分析

滑坡区域的自然地理条件影响着滑坡的分布和发育,因而本书对滑坡所处区域的自然地理条件的相关影响因子进行了提取,提取的自然地理影响因子主要包括滑坡所在区域的地理位置、交通、气象和水文。

对于滑坡区域的地理位置,本书选择了滑坡区中心的经纬度以及滑坡所在区域的行政市州作为影响因子进行分析;对于滑坡区域的气象情况,本书选择了年均降雨量作为影响因子进行分析;对滑坡的水文情况,本书提取了滑坡与河流距离、滑坡的相对河流位作为影响因子进行分析。

表 5-2 自然地理条件因子与治理措施的相关性

自然环境因子	皮尔逊相关系数		
	抗滑桩	排水工程	格构锚固
滑坡与河流距离	0.12	0.21	0.03
年均降雨量	0.15	0.23	0.13
相对河流位	0.05	0.06	0.07
滑坡区行政市州	0.11	0.10	0.06
滑坡区中心的经纬度	0.02	0.01	0.04

从表5-2中可以看出,总体来看,滑坡与河流之间的距离、年均降雨量这两个影响因子与滑坡治理措施的相关性均较高。相对河流位、滑坡区中心的经纬度这两个影响因子与滑坡治理措施的相关性均较低,所以剔除这两个影响因子。

5.1.2 地质环境条件因子与滑坡治理措施相关性分析

本书在分析滑坡的地质条件时,主要考虑了地质构造、地震、岩性、水文地质条件和人类工程活动五个方面。其中,对于地质构造这个重要影响因子,本书提取了地质构造的类型作为影响因子；地震作为滑坡灾害的诱发因素之一，根据滑坡所处区域的地震数据，提取了地震烈度作为滑坡稳定性特征；对于岩性这个重要影响因子，提取了地层时代、滑体岩性、滑床岩性、岩层倾向和岩层倾角作为滑坡的岩性特征。水文地质条件主要是地下水，本书收集到的主要是地下水的类型特征。在人类工程活动影响方面，本书主要考虑了房屋建筑、居民生活污染、附近居民用水、农田、水塘和道路等与人类工程活动相关的影响因子。地质环境条件因子与治理措施的相关性如表5-3所示。

表5-3　地质环境条件因子与治理措施的相关性

影响因子	皮尔逊相关系数		
	抗滑桩	排水工程	格构锚固
房屋建筑类型	0.31	0.23	0.20
滑坡区内房屋面积	0.20	0.10	0.06
道路类型	0.06	0.05	0.02
地震烈度	0.04	0.03	0.10
岩层倾角	0.06	0.03	0.10
地层时代	0.01	0.01	0.02
水塘	0.12	0.35	0.03
岩层倾向	0.10	0.01	0.10
滑床岩性	0.15	0.03	0.12
地质构造类型	0.20	0.05	0.15
附近居民用水	0.05	0.10	0.02
滑体岩性	0.20	0.04	0.34
房屋与滑坡距离	0.10	0.30	0.20
滑坡距道路距离	−0.07	0.03	0.27
地下水类型	−0.05	0.10	0.01
居民生活污染	0.17	0.43	0.01
农田数量	0.04	0.23	0.03
道路位置	−0.05	−0.04	0.08
房屋位置	0.02	0.01	0.03

　　从表5-3中可以看出，房屋建筑类型、水塘代表人类工程活动影响的影响因子与滑坡治理措施的相关性均较高。岩性也与滑坡治理措施有着很高的相关

性。房屋位置、地层时代与滑坡治理措施的相关性均较低，本书中剔除这两个特征。

5.1.3 灾害体基本特征因子与滑坡治理措施相关性分析

在获得滑坡的基本特征数据后，本书对滑坡的高程、坡度、坡向、曲率、滑坡的平面形状、剖面形状、裂缝数量、裂缝位置、破坏方式等基本特征影响因子进行了特征提取，如表5-4所示。

表5-4　灾害体基本特征影响因子与滑坡治理措施的相关性

影响因子	皮尔逊相关系数		
	抗滑桩	排水工程	格构锚固
高程	0.05	0.04	0.10
坡度	0.15	0.05	0.07
坡向	0.10	0.07	0.12
曲率	0.12	0.08	0.09
平面形状	0.13	0.16	0.07
剖面形状	0.25	0.13	0.08
裂缝数量	0.10	0.13	0.08
裂缝位置	−0.06	0.02	0.05
破坏方式	0.12	0.10	0.16

从表5-4中可以看出，剖面形状、破坏方式、曲率等特征与滑坡治理措施的相关性均较高。裂缝位置与滑坡治理措施的影响均较低，本书中剔除裂缝位置特征。

5.1.4 威胁对象及稳定性趋势因子与滑坡治理措施相关性分析

本书研究滑坡治理措施定性推荐时，考虑了威胁对象、稳定性现状及稳定性趋势与滑坡治理措施的相关性。

表5-5　威胁对象及稳定性影响因子与滑坡治理措施的相关性

影响因子	皮尔逊相关系数		
	抗滑桩	排水工程	格构锚固
威胁对象类型	0.04	0.05	0.21
威胁对象等级	−0.07	−0.05	0.13

表5-5（续）

影响因子	皮尔逊相关系数		
	抗滑桩	排水工程	格构锚固
威胁设施重要性级别	-0.09	0.08	0.16
威胁资产	0.10	0.11	0.09
威胁人数	0.12	0.16	0.12
防治工程等级	-0.15	0.16	0.08
目前稳定状况（天然工况下）	0.17	0.18	0.07
稳定趋势（暴雨工况下）	0.16	0.10	0.06

从表5-5中可以看出，威胁对象及稳定性与滑坡治理措施的相关性均较高。

5.1.5 其他条件因子与滑坡治理措施相关性分析

本书在研究滑坡治理措施定性措施时，环保要求及经济条件与滑坡治理措施相关性有极高的参考意义。

表 5-6　其他条件因子与滑坡治理措施的相关性

影响因子	皮尔逊相关系数		
	抗滑桩	排水工程	格构锚固
植被	0.14	0.07	0.01
环保要求	-0.15	0.11	-0.13
总地区生产总值	-0.04	0.08	0.05
人均地区生产总值	0.08	0.10	0.12

从表5-6中可以看出，环保要求、人均地区生产总值与滑坡治理措施的相关性均较高，植被、总地区生产总值与滑坡治理措施的相关性较低，因此本书剔除植被、总地区生产总值特征。

5.1.6 各影响因子与滑坡治理措施相关性分析总结

经过上面的分析，在滑坡治理措施定性推荐研究方面，本书选择了以下特征作为重点特征因子：

（1）自然地理条件因子：滑坡与河流之间的距离、年均降雨量、滑坡区行政市州。

（2）地质环境条件因子：房屋建筑类型、滑坡区内房屋面积、道路类型、地震烈度、岩层倾角、水塘、岩层倾向、滑床岩性、地质构造类型、附近居民用水、滑体岩性、房屋与滑坡距离、滑坡距道路距离、地下水类型、居民生活污染、农田数量、道路位置。

（3）灾害体基本特征因子：高程、坡度、坡向、曲率、剖面形状、平面形状、破坏方式、裂缝数量。

（4）威胁对象及稳定性趋势因子：威胁对象类型、威胁对象等级、威胁设施重要性级别、威胁资产、威胁人数、防治工程等级、目前稳定状况、稳定趋势。

（5）其他条件因子：植被、环保要求、人均地区生产总值。

5.2 定性推荐模型

本书在研究滑坡稳定性的基础上，继续进行了滑坡治理措施定性推荐研究。根据调研，发现目前主流的推荐任务为了获得更好的效果，会把推荐任务分解成分类或回归任务来处理，但由于滑坡治理措施与常规的推荐物品不同，每个滑坡的治理方案设计并不是每一个单独滑坡治理措施简单拼凑而成的，所以无法分解成多个分类或回归任务，只能选择推荐算法进行研究，故本书采用机器学习算法中的推荐算法进行建模。

其中，基于邻域的推荐算法是最常见的一种协同推荐算法，基于邻域的推荐算法包括基于用户的协同过滤算法和基于内容的协同过滤算法。利用基于用户或基于内容的协同推荐算法，依据地质灾害影响因子与治理工程数据，进行治理措施的定性推荐研究，并推荐相似的治理措施。比如，在全省所有滑坡治理工程中，待设计治理措施的治理工程 A 与已完成治理工作的工程 B，如果它们的重要特征相似度较高，则属于一个群体。如此，工程 B 的治理措施（抗滑桩、重力式抗滑挡墙等）可推荐给工程 A。

基于知识的推荐算法，需要一定的领域知识，模型效果较好，但是推荐模型是静态的，且领域知识获取较难。基于 DNN 双塔推荐模型是推荐算法在神经网络方向的应用，百度、谷歌等大型推荐网站采用的就是这种推荐算法，该算法对用户与物品的特性进行嵌入（embedding），得到用户的嵌入和物品的嵌入。该算法在大型推荐任务中有较好的应用效果，本书也采用了该算法进行实验对比。相对于基于 DNN 双塔推荐模型算法，基于协同推荐算法对数据量的要求更低，更符合本书中滑坡数据量少的推荐任务。

治理措施归纳为：抗滑桩、重力式抗滑挡墙、桩板式抗滑挡墙、排水工程、裂缝填埋、格构锚固、孤石清理、拦石墙、锚杆（索）、防渗漏、回填压脚、削方减载、主动网。

如图5-1所示，滑坡治理措施定性推荐的基本思路是：①将滑坡数据进行预处理，构建滑坡数据模型，构建滑坡治理数据库；②使用相似度计算算法构建滑坡相似度计算模型；③生成相似滑坡推荐列表；④对多种推荐算法进行对比实验。

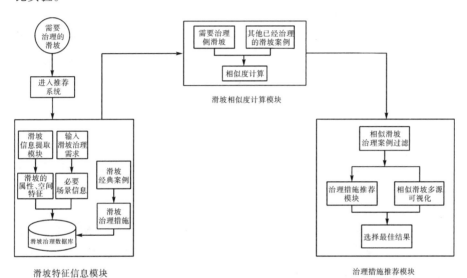

图 5-1 滑坡治理工程定性推荐技术路线

5.2.1 滑坡信息模型建立

推荐系统的第一步是建立用户的信息模型，本书中用户就是研究对象，即滑坡。收集到的滑坡信息越多，对滑坡信息模型的勾勒也会越精确，但由于数据收集的困难及数据的保密要求，不可能构建出完全匹配的滑坡信息模型。

本节将通过滑坡的基本数据、滑坡勘察图中的隐含数据，滑坡的其他情景信息作为滑坡信息模型数据的主要来源：

（1）滑坡基本数据：房屋建筑类型、道路类型、地震烈度、岩层倾角、水塘、岩层倾向、滑床岩性、剖面形状、平面形状、地质构造类型、附近居民用水、滑体岩性、滑坡距道路距离、地下水类型、居民生活污染、农田数量、道路位置、高程、坡度、坡向、曲率、破坏方式、裂缝数量、威胁对象及稳定性、防治工程等级等。这部分数据显示记录滑坡基本情况的信息。

（2）滑坡勘察图中的隐含数据：滑坡区内房屋面积、房屋与滑坡距离、滑坡距道路距离、道路位置、滑坡纵横长度比、滑坡前缘厚度、后缘厚度、中部厚度、滑坡是否有临空面等滑坡勘察平面图、勘察剖面图中隐含的数据信息。本书使用了聚类、分类等算法对这部分隐含的数据进行了特征提取，作为基本数据的补充。

（3）滑坡的其他情景信息：滑坡治理措施的指定并不仅仅依据滑坡的基本数据，还要考虑到一些额外的情景信息，这部分情景数据获取比较困难，但对于滑坡治理措施的指定影响较大。这些滑坡的情景信息包括待治理的滑坡是否处于一个大的滑坡群里面、滑坡治理在环保方面的要求、滑坡所在区域的平均物价水平。这部分数据可能带有一定的主观性，比如环保要求。评价物价水平，本书采用了滑坡所在区域的市州人均地区生产总值作为参考，可能会有一定的偏差，但可以反映所在区域的物价水平。

5.2.2　相似度计算

本书是通过先给待推荐滑坡推荐相似滑坡，再综合相似滑坡的治理措施来推荐治理措施的，所以相似度计算是本书的核心之一。

5.2.2.1　多种相似度计算方法

本书使用了多种推荐算法，包括基于知识的推荐算法、基于用户的协同推荐算法、基于内容的协同推荐算法、基于 DNN 双塔模型的推荐算法。其中，每种推荐都有适合各自的相似度计算方法。

（1）欧式距离相似度计算。

欧式距离是最常用的距离计算公式，衡量的是多维空间中各个点之间的绝对距离。在衡量以距离特征为主的特征向量中，该相似度计算方式效果较好。其中，加权欧式距离是增加了权重的欧式距离，是最常见的相似度计算方法。

欧氏距离的公式如下：

n 维空间点 $X(x_1, x_2, \cdots, x_n)$ 到 $Y(y_1, y_2, \cdots, y_n)$ 间的欧式距离（两个 n 维向量）：

$$d(x, y) = \sqrt{\left(\sum (x_i - y_i)^2 \right)} \qquad （式5-1）$$

基于欧式距离的相似度：

$$\mathrm{sim}(x, y) = \frac{1}{1 + d(x, y)} \qquad （式5-2）$$

因为计算是基于各维度特征的绝对数值，所以欧氏度量需要保证各维度指标在相同的刻度级别。欧氏距离适用于需要从每个分量特征差距中体现差异的分析，如通过用户行为指标分析用户价值相似度。欧氏度量重视数值上的差异性。

（2）余弦相似度。

余弦相似度又称为余弦相似性，通过计算两个向量的夹角余弦值来评估它们的相似度。余弦相似度将向量根据坐标值绘制到向量空间中。

$$\text{sim}\ (X,\ Y) = \cos\theta = \frac{\vec{x}\cdot\vec{y}}{\|x\|\cdot\|y\|} \qquad (\text{式}5\text{-}3)$$

余弦相似度衡量的是维度间取值方向的一致性，注重维度之间的差异。余弦相似度更多的是从方向上区分差异，而对绝对的数值不敏感，更多地用于使用用户对内容评分来区分用户兴趣的相似度和差异，同时修正了用户间可能存在的度量标准不统一的问题（因为余弦相似度对绝对数值不敏感）。余弦相似度更适用于综合性的导向评价，如通过用户对内容评分来区分用户兴趣的相似度等，余弦相似度也常用于计算两个文本之间的相似度。

（3）皮尔森相关系数（Pearson correlation coefficient）。

皮尔森相关系数用来衡量两个数据集合是否在一条直线上面，它用来衡量定距变量间的线性关系。它的取值在 $[-1,\ +1]$。

$$\rho_{XY} = \frac{\sum XY - \dfrac{\sum X \sum Y}{N}}{\sqrt{\left\{\sum X^2 - \dfrac{\left(\sum X\right)^2}{N} i \sum Y^2 - \dfrac{\left(\sum Y\right)^2}{N}\right\}}} \qquad (\text{式}5\text{-}4)$$

皮尔森相关系数可以看成是升级版的欧氏距离平方，因为它提供了对于变量取值范围不同的处理步骤。因此对不同变量间的取值范围没有要求，最后得到的相关性所衡量的是趋势，而不同变量量纲上的差别在计算过程中去掉了，等价于 z-score 标准化。在高维度时更加适合使用皮尔森相关系数。

（4）杰卡德（Jaccard）相似系数。

两个集合 A 和 B 的交集元素在 A 和 B 的并集所占的比例，称为两个集合的杰卡德相似系数，用符号 J（A，B）表示：

$$J(A,\ B) = \frac{|A \cap B|}{|A \cup B|} \qquad (\text{式}5\text{-}5)$$

杰卡德距离：与杰卡德相似系数相反，用两个集合中的不同元素占所有元素的比例来衡量两个集合的区分度。

$$J(A, B) = \frac{|A \cap B|}{|A \cup B|} J_\delta(A, B) = 1 - J(A, B) = \frac{|A \cup B| - |A \cap B|}{|A \cup B|}$$

（式 5-6）

对于杰卡德相似系数或杰卡德距离来说，它处理的都是非对称二元变量。非对称的意思是指状态的两个输出不是同等重要的。例如，疾病检查的阳性和阴性结果。杰卡德相似度算法没有考虑向量中潜在数值的大小，而是简单地处理为 0 和 1，不过，做了这样的处理之后，杰卡德相似度算法的计算效率肯定是比较高的，毕竟只需要做集合操作。杰卡德相似系数主要用于计算符号度量或布尔值度量的个体间的相似度，无法衡量差异具体值的大小，只能获得"是否相同"这个结果，所以杰卡德相似系数只关心个体间共同具有的特征是否一致这个问题。

杰卡德相似系数的应用很广，最常见的应用就是求两个文档的文本相似度，通过一定的办法（比如 shinging）对文档进行分词，构成词语的集合，再计算杰卡德相似度即可。

基于知识的推荐算法，采用了知识图谱特征学习方法，该方法是最常见的与推荐系统结合的方式，知识图谱特征学习为知识图谱中每个实体和关系学习到一个向量，同时保持图中原有的结构或语义信息，最常见的得到低维向量的方式主要有基于距离的翻译模型和基于语义的匹配模型。本书采用了基于距离的翻译模型，得到了一个代表滑坡信息的低维向量。在计算距离特征为主的向量的相似度方面，欧式距离具有较好的效果，本书使用基于欧式距离的相似度计算方式来计算滑坡的相似度，在此基础上，本书又采用了加权欧式距离，其中加权的权重，采用的是先验经验与皮尔森相似计算结果相结合的办法。

基于用户的协同推荐算法与基于内容的协同推荐算法常用的相似度算法是余弦相似度算法，该相似度算法适合衡量两个特征在多维空间维度方向上的接近度，如果两个向量方向越接近，那么说明这两个滑坡越相似。杰卡德相似系数是一种计算相似交集的相似度计算方法，比较符合本书中协同推荐算法需要找到相似滑坡的交集这个特点。故协同推荐算法采用了余弦相似算法和杰卡德相似系数集合的方式作为衡量滑坡相似度计算的方法。

基于 DNN 双塔推荐模型，该模型会形成两个 embedding（嵌入），一个是滑坡的 embedding，一个是治理措施方案的 embedding，余弦相似度计算方法是计算 embedding 的最佳选择。

5.2.2.2 动态选择相似滑坡的推荐对象

在协同过滤算法中，使用的是最常见的 KNN 算法，但如果仅仅依赖于在所有的滑坡个体中，寻找相似度较大的 k 个近邻，那么在相似滑坡群的个数不足 k 个时，最大 k 近邻可能会产生一些不相似的个体进行协同过滤，从而导致推荐出来的相似滑坡不准确，进而导致推荐措施的准确性降低。本书采用了静、动态阈值相结合的方法，当相似度阈值低于某一个规定的阈值的时候，比如说相似度均低于 60%，就抛出异常，认为该滑坡没有相似的滑坡，就相当于设置了一个静态阈值，这样可以极大地降低这种情况的发生。当相似滑坡较多的时候，就按照相似度进行排序，取相似度前 k 个相似滑坡作为最终的相似滑坡推荐出来。

5.3 推荐算法

本书使用了多种推荐算法进行推荐研究，除了 DNN 双塔推荐模型是直接推荐滑坡治理措施外，基于知识的推荐算法等其他推荐算法是先采用不同的相似度计算方法得到滑坡的最近邻居，下一步需要产生相应的推荐。采用 KNN 近邻的方法，这里的 k 选择 10 作为阈值，也就是最多推荐 10 个相似的滑坡，如果没有相似的滑坡可以不进行推荐，并抛出无相似滑坡的异常信息。设待治理滑坡 u 的最近邻居集合用 NBS_u 表示，则待治理滑坡 u 对滑坡治理措施 i 的预测评分 $P_{u,i}$ 可以通过待治理滑坡 u 对最近邻居集合 NBS_u 中滑坡治理措施的评分得到，计算方法如下：

$$P_{u,i} = \overline{R_u} + \frac{\sum\limits_{n \in \text{NBS}_u} \text{sim}(u, n) \times (R_{n,i} - \overline{R_n})}{\sum\limits_{n \in \text{NBS}_u} (|\text{sim}(u, n)|)}. \qquad (\text{式 5-7})$$

式 5-7 中，$\text{sim}(u, n)$ 表示待治理滑坡 u 与已治理滑坡 n 之间的相似性，$R_{n,i}$ 表示相似的已治理滑坡 n 对滑坡治理措施 i 的评分，$\overline{R_n}$ 分别表示多个相似的已治理滑坡对滑坡治理措施 i 的平均评分。

以基于知识的推荐算法为例，推荐示例如表 5-7 所示。

表 5-7　基于知识的推荐算法示例

测试滑坡 ID	50105001
测试滑坡名称	营山县安化乡爬山村滑坡_H1 滑坡
10 个相似滑坡 ID	50112002、50062001、50106001、50037001、50078001、50006005、50010002、50030007、50033002、50041002

表5-7(续)

相似度排序	0.89, 0.86, 0.85, 0.85, 0.83, 0.76, 0.75, 0.72, 0.72, 0.71
推荐的治理措施	抗滑桩、桩板式挡土墙、排水工程、裂缝填埋
真实采用的治理措施	抗滑桩、排水工程、裂缝填埋

5.4 推荐算法对比实验

基于建好的滑坡定性推荐指标体系与滑坡信息模型，分别利用基于知识的推荐算法、基于用户的协同推荐算法、基于内容的协同推荐算法、DNN 双塔模型进行滑坡治理措施定性推荐实验对比。

5.4.1 度量标准

评价推荐系统推荐质量的度量标准主要包括统计精度度量方法和决策支持精度度量方法两类。统计精度度量方法中的平均绝对偏差 MAE（mean absolute error）易于理解，可以直观地对推荐质量进行度量，是最常用的一种推荐质量度量方法，本书采用平均绝对偏差 MAE 作为度量标准。平均绝对偏差 MAE 通过计算预测的用户评分与实际的用户评分之间的偏差度量预测的准确性，MAE 越小，推荐质量越高。设预测的用户评分集合表示为 $\{p_1, p_2, \cdots, p_N\}$，对应的实际用户评分集合为 $\{q_1, q_2, \cdots, q_N\}$，则平均绝对偏差 MAE 的定义为

$$\text{MAE} = \frac{\sum_{i=1}^{N} |p_i - q_i|}{N} \qquad \text{（式 5-8）}$$

这里所指的用户评分集合指的是滑坡治理措施定性推荐结果中每种治理措施是否采用，如果采用则评分为 1，否则评分为 0。由于评分只有 0，1 两个值，所以 MAE 代表了每次推荐结果中治理措施种类的误差率。

5.4.2 实验结果

本书为了进一步提取滑坡剖面图、平面图数据对滑坡治理措施定性推荐的影响信息，通过有监督分类获取到滑坡区内房屋面积、房屋与滑坡距离、滑坡距道路距离、道路位置、滑坡纵横长度比、滑坡前缘厚度、后缘厚度、中部厚

度、滑坡是否有临空面等滑坡勘察平面图、勘察剖面图中隐含的数据信息。具体步骤是，先选择一部分数据打标签，人为地对滑坡平面图、剖面图中的这些可以获取到的信息贴标签，接着训练出多个分类器，再使用这些分类器获取到更多滑坡勘察平面图、剖面图中这些隐含的数据信息。

首先，对是否使用这些隐含数据进行实验，证明该部分隐含的数据对于滑坡定性推荐是有影响的；其次，在相同的数据集上进行对比实验，比较本书提出的基于知识的推荐算法、基于用户的协同推荐算法、基于内容的协同推荐算法、DNN 双塔推荐算法质量，并对实验结果进行分析。

5.4.2.1 隐含数据使用对比

在传统的滑坡治理措施研究中，使用得更多的是基本的滑坡数据，本书从滑坡勘察图件中使用分类算法获取到滑坡的隐含数据。接下来分别对只使用滑坡基本数据、使用滑坡基本数据+滑坡隐含数据、使用滑坡基本数据+滑坡额外数据、使用滑坡基本数据+滑坡隐含数据+滑坡额外数据这四种情况进行对比。

在基于用户的协同推荐算法中，对四种不同情况使用相同的样本集进行实验，计算其 MAE，邻居个数从 5 增加到 20，间隔为 5。实验结果如表 5-8 所示。

表 5-8　不同特征数据对比实验

特征数据使用对比	KNN 邻居个数			
	5	10	15	20
只使用滑坡基本数据	0.333	0.272	0.272	0.281
使用滑坡基本数据+滑坡隐含数据	0.293	0.261	0.260	0.260
使用滑坡基本数据+滑坡额外数据	0.301	0.284	0.284	0.283
使用滑坡基本数据+滑坡隐含数据+滑坡额外数据	0.212	0.174	0.172	0.172

从表 5-8 中可以看出仅仅使用滑坡的基本数据，得到的推荐结果效果不佳；增加了滑坡的额外数据，如情景信息数据后，每次推荐中治理措施总种类误差 MAE 有所降低，即滑坡治理措施定性推荐结果有所提升；当增加了滑坡的隐含数据后，每次推荐中治理措施总种类误差 MAE 进一步降低，滑坡治理措施定性推荐结果最佳。因此在后续的实验中，我们选择使用滑坡基本数据+滑坡隐含数据+滑坡额外的数据作为滑坡的用户信息模型输入。

5.4.2.2 推荐算法推荐质量比较

本书提出了四种不同的推荐算法，分别是基于知识的推荐算法、基于用户的协同推荐算法、基于内容的协同推荐算法、DNN 双塔模型推荐算法。进行了 100 次实验取治理措施总种类误差 MAE 的平均值作为最终的 MAE。邻居个数从 5 增加到 20，间隔为 5，进行了对比实验，结果如表 5-9 所示。

表 5-9　推荐算法推荐误差对比

推荐算法对比	KNN 邻居个数			
	5	10	15	20
基于知识的推荐算法	0.232	0.165	0.165	0.164
基于用户的协同推荐算法	0.212	0.174	0.172	0.172
基于内容的协同推荐算法	0.246	0.197	0.197	0.198
DNN 双塔模型推荐算法	0.357	0.248	0.245	0.243

从表 5-9 中，可以看出，基于知识的推荐算法效果更佳。基于知识的推荐算法，需要专业的领域先验知识，是一种静态的推荐算法，当数据维度改变的时候，该推荐模型需要更新，但是由于吸收了专业的先验知识，该推荐算法结果更佳。基于用户的协同推荐算法，不需要专业的领域先验知识，且当数据维度发生变化不需要更新推荐模型，首先是获得每个滑坡的相似滑坡集，接着协同过滤获得与待治理滑坡相似滑坡集交集较大的那些滑坡作为相似的滑坡。该推荐算法在挖掘隐含的相似滑坡效果较好，获得的推荐效果仅次于基于知识的推荐算法。基于内容的系统推荐算法，是使用了 word2vec 训练得到每个滑坡的相似滑坡向量 embedding 作为每个滑坡的特征内容，接着使用点积计算得到待治理滑坡的相似滑坡，最终综合相似滑坡对治理措施的评分，得到最终该待治理滑坡的治理措施，该推荐算法效果次于基于用户的协同推荐算法。基于DNN 双塔模型推荐算法获得的推荐结果不佳，这是由于本书中的数据集属于数据集较少的类型，神经网络无法训练得到最佳的滑坡特征 embedding 与滑坡治理措施 embedding。

6 治理工程定量推荐模型研究

本书的研究重点在于滑坡的治理措施推荐，包括滑坡治理工程定性推荐模型的推荐以及滑坡治理工程定量推荐模型的推荐。本章介绍滑坡治理工程定量推荐模型研究的一些实验，其中，又以滑坡治理总成本作为重点研究对象。

6.1 数据预处理

在数据收集和提取完成后，需要对数据进行预处理。经过预处理的数据，可以让各种各样的机器学习模型取得更好的预测结果。只有对数据进行预处理，数据的格式才能够规范统一，满足构建模型的要求。根据本书所提取的数据，需要进行以下的数据预处理操作：

（1）提取的滑坡数据种类复杂，既有连续型数据，又有离散型数据。连续型数据直接提取的数据为数值，例如坡度、曲率、降雨量等，本书将连续型数据的值归一化后可直接作为特征。离散型数据是表示类别的数据，例如岩性、位置等数据，需要将其转换为数值作为特征。本书采用根据类别编码的方案对离散型数据进行编码，将编码后的值作为特征。

（2）在提取的数据中，不是每一个滑坡都能提取到所有需要的数据，有些滑坡存在数据缺失的情况。数据缺失在文本数据的提取中尤为明显，由于在滑坡勘查过程中，不同勘测人员的勘测内容存在差异，不同滑坡缺失的数据不同。在数据的预处理中，本书对于缺失的值使用该特征下其余所有滑坡的均值进行填充。

（3）数据规格不一样，就不能够放到一起比较。例如，滑坡的降雨量和滑坡的曲率就不是一个量级的，如果放到一起比较会影响机器学习模型的预测效果。因此，本书对每个特征进行了无量纲化的操作，将所有特征转换到同一量纲下,利用区间缩放的方法,将所有数据转换到了 [0,1]。

(4)本书对滑坡样本使用十折交叉验证,将数据集打乱均等分成十份,轮流将其中9份做训练1份做验证,10次结果的均值作为对算法精度的估计,一般还需要进行多次十折交叉验证求均值。

6.2 潜在滑坡治理成本影响因子分析

6.2.1 自然地理条件因子与滑坡治理总成本相关性分析

滑坡区域的自然地理条件影响着滑坡的分布和发育,因而本书对滑坡所处区域的自然地理条件的相关影响因子进行了提取,提取的自然地理影响因子主要包括滑坡所在区域的地理位置、交通、气象和水文。

对于滑坡区域的地理位置,我们选择了滑坡区中心的经纬度以及滑坡所在区域的行政市州作为影响因子进行分析;对于滑坡区域的气象情况,本书选择了年均降雨量作为影响因子进行分析;对滑坡的水文情况,本书提取了滑坡与河流的距离、滑坡的相对河流位作为影响因子进行分析。

表6-1 自然地理条件因子与治理总成本的相关性

自然环境因子	皮尔逊相关系数
滑坡与河流的距离	−0.10
年均降雨量	−0.07
滑坡的相对河流位	0.02
滑坡区行政市州	0.12
滑坡区中心的经纬度	−0.02

从表6-1中可以看出,总体来看,滑坡区行政市州这个影响因子与滑坡治理总成本的相关性较高。相对河流位、滑坡区中心的经纬度这两个影响因子与滑坡治理总成本的相关性均较低,所以剔除这两个影响因子。

6.2.2 地质环境条件因子与滑坡治理总成本相关性分析

本书在分析滑坡的地质条件时,主要考虑了地质构造、地震、岩性、水文地质条件和人类工程活动五个方面。其中,对于地质构造这个重要影响因子,本书提取了地质构造的类型作为影响因子;地震是滑坡灾害的诱发因素之一,根据滑坡所处区域的地震数据，提取了地震烈度作为滑坡稳定性特征；对于岩性这个重要影响因子，提取了地层时代、滑体岩性、滑床岩性、岩层倾向和岩层倾角作为滑坡的岩性特征。水文地质条件主要是地下水，收集到的主要是地下水的类型特征。在人类工程活动影响方面，本书主要考虑了房屋建筑、居民生活污染、附近居民用水、农田、水塘和道路等与人类工程活动相关的影响因子。

表6-2　地质环境条件因子与滑坡治理总成本的相关性

影响因子	皮尔逊相关系数
房屋建筑类型	0.32
滑坡区内房屋面积	0.28
道路类型	0.26
地震烈度	0.22
岩层倾角	0.18
地层时代	0.15
水塘	0.25
岩层倾向	0.06
滑床岩性	0.06
地质构造类型	0.13
附近居民用水	0.02
滑体岩性	−0.10
房屋与滑坡距离	0.15
滑坡距道路距离	−0.13
地下水类型	−0.01
居民生活污染	0.11
农田数量	0.13
道路位置	−0.02
房屋位置	0.02

从表6-2中可以看出，房屋建筑、水塘、道路这几个代表人类工程活动影响的影响因子与滑坡治理总成本的相关性较高。地震、岩性和地层时代也与滑坡治理总成本有着很高的相关性。地下水类型、附近居民用水、道路位置及房屋位置与滑坡治理总成本的相关性较低，因此本书剔除这几个特征。

6.2.3 灾害体基本特征因子与滑坡治理总成本相关性分析

在获得滑坡的基本特征数据后，本书对滑坡的体积、高程、坡度、坡向、曲率，滑坡的平面形状、剖面形状、裂缝数量、裂缝位置、破坏方式等基本特征影响因子进行了特征提取，如表6-3所示。

表6-3　灾害体基本特征影响因子与滑坡治理总成本的相关性

特征	皮尔逊相关系数
体积	0.35
高差	0.18
高程	0.17
纵向长度	0.12
滑坡的平均宽度	0.11
坡度	0.08
面积	0.08
坡向	0.06
曲率	0.01
平面形状	0.13
剖面形状	0.21
裂缝数量	0.06
裂缝位置	0.01
破坏方式	0.10

从表6-3中可以看出，体积、高程、剖面形状、坡度、纵向长度、滑坡的平均宽度、面积、高差与滑坡治理总成本的相关性均较高；裂缝位置、曲率特征与滑坡治理措施的影响均较低。因此本书中剔除裂缝位置、曲率特征。

6.2.4 威胁对象及稳定性趋势因子与滑坡治理总成本相关性分析

本书在研究滑坡治理措施稳定性推荐时，考虑了威胁对象、稳定性现状及稳定性趋势与滑坡治理措施的相关性。

从表6-4中可以看出，威胁对象类型、等级等特征与滑坡治理总成本的相关性均较高，其中威胁资产和威胁人数与滑坡治理总成本的相关性相对较高。目前稳定性状况和稳定性趋势与滑坡治理总成本的相关性较低，这是因为进行治理的滑坡基本上目前都是不稳定或者欠稳定的，故相关性较低。因此在本书中，剔除目前稳定状况这个特征。

表 6-4　威胁对象及稳定性影响因子与滑坡治理总成本的相关性

特征	皮尔逊相关系数
威胁对象类型	0.11
威胁对象等级	0.14
威胁设施重要性级别	0.10
威胁资产	0.33
威胁人数	0.30
防治工程等级	0.12
目前稳定状况（天然工况下）	−0.01
稳定趋势（暴雨工况下）	0.05

6.2.5　其他条件因子与滑坡治理总成本相关性分析

本书在研究滑坡治理定量推荐时，环保要求及经济条件与滑坡治理总成本的相关性有极高的参考意义。

表 6-5　其他条件因子与滑坡治理总成本的相关性

特征	皮尔逊相关系数
植被	0.05
环保要求	0.06
总地区生产总值	0.05
人均地区生产总值	0.12

从表 6-5 中，可以看出人均地区生产总值这个特征与滑坡治理总成本的相关性较高。

6.2.6　各影响因子与滑坡治理总成本相关性分析总结

经过上面的分析，在滑坡治理措施定量推荐研究方向，本书选择了以下特征作为重点特征因子：

（1）自然地理条件因子：滑坡与河流之间的距离、年均降雨量、滑坡区行政市州。

（2）地质环境条件因子：房屋建筑类型、滑坡区内房屋面积、道路类型、地震烈度、岩层倾角、地层时代、水塘、岩层倾向、滑床岩性、地质构造类型、滑体岩性、房屋与滑坡距离、滑坡距道路距离、居民生活污染、农田数量。

（3）灾害体基本特征因子：体积、高程、坡度、剖面形状、平面形状、破坏方式、裂缝数量。

（4）威胁对象及稳定性趋势因子：威胁对象类型、威胁对象等级、威胁设施重要性级别、威胁资产、威胁人数、防治工程等级、稳定趋势。

（5）其他条件因子：植被、环保要求、总地区生产总值、人均地区生产总值。

6.3 图像特征提取

本书的创新点在于滑坡图像数据的引入，从国土地质单位长期收集到对应滑坡的勘察设计平面图以及勘察设计剖面图，这些图像里包括滑坡区地面地形测量数据、地下钻探测量数据、各种治理措施的位置等。数据规模大，具有很高的研究价值。

为了更好地提取滑坡图像与滑坡治理之间的关系，本书首先利用 ArcGIS 软件对滑坡图像进行预处理，包括研究区域的切割、数据清理、矢量化等，最后得到多属性的图像二维数据。本书主要研究滑坡的属性，如高程、坡度、坡向、曲率、平面形状、剖面起伏形状等，如图 6-1 至图 6-6 所示。

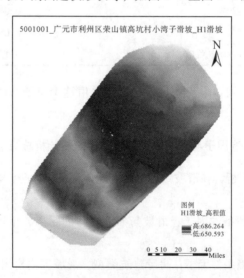

图 6-1　滑坡区域高程图

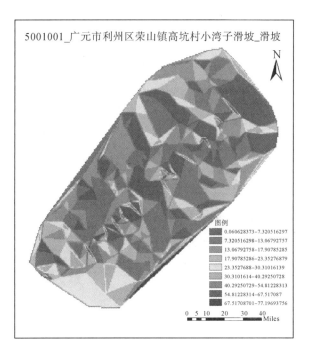

图 6-2　滑坡区域坡度图

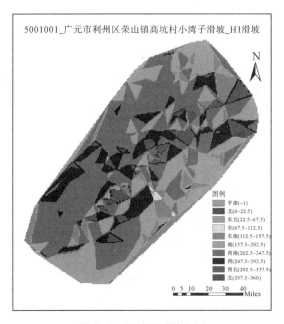

图 6-3　滑坡区域坡向图

图 6-4 滑坡区域曲率图

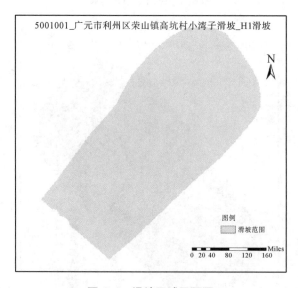

图 6-5 滑坡区域平面图

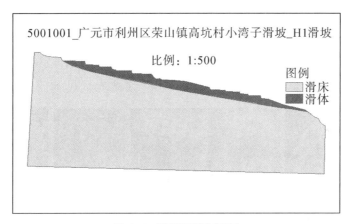

5001001_广元市利州区荣山镇高坑村小湾子滑坡_H1滑坡

比例：1:500

图例
滑床
滑体

图6-6 滑坡区域剖面图

　　为了更好地利用这些滑坡的属性图像数据进行滑坡定量治理措施推荐的研究，本书采用的方法是对这些属性图像进行聚类，得到每个滑坡属性所属的类别。其目的是提取不同滑坡相同属性图像之间的相似性，同时也能提供更直观的图像。

　　本书采用均值、最大值、最小值和标准差等数值分析方法提取属性图像的特征数组，然后采用 K 均值聚类方法进行聚类。通过大量实验发现，当 clustring nums 在 30~50 时，聚类效果更好。高程属性图像聚类部分结果，如图 6-7 所示。

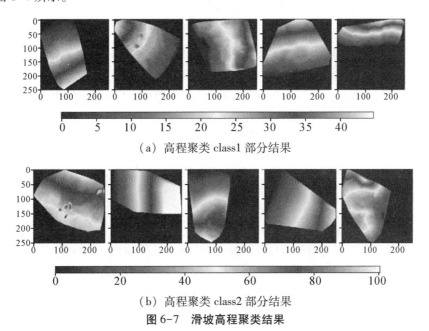

（a）高程聚类 class1 部分结果

（b）高程聚类 class2 部分结果

图6-7 滑坡高程聚类结果

从以上两幅属性图像的聚类结果可以看出，图6-7（a）最高相对海拔40米的聚类为一类，（b）最高相对海拔100米的聚类为一类。这表明，在同一属性图像上的 K-均值聚类结果可以代表属性图像中滑坡的类别。

滑坡坡度属性图像聚类部分结果，如图6-8所示。

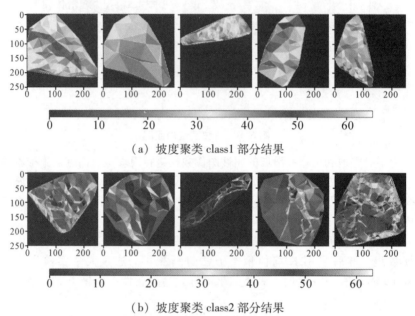

（a）坡度聚类 class1 部分结果

（b）坡度聚类 class2 部分结果

图6-8 滑坡坡度聚类结果

从以上两幅属性图像的聚类结果可以看出，图6-8（a）滑坡区域的平均坡度为45度的聚类为一类，图6-8（b）滑坡区域的平均坡度为12度的聚类为一类。这表明，在同一属性图像上的 K-均值聚类结果也可以代表属性图像中滑坡坡度的类别。这为滑坡图像在滑坡治理推荐研究中的应用提供了质量保证。在推荐类似滑坡时，提供类似的属性图像作为参考无疑更好。

6.4 定量推荐模型

滑坡治理工程定量推荐任务，首先推荐治理措施如抗滑桩的部分参数，接着推荐滑坡的治理总成本，定量推荐部分可以通过回归算法来预测。回归算法在数值预测方面的效果比推荐算法的效果更好，一般的数值预测使用的都是回归算法。故本书采用回归算法来进行滑坡治理工程定量推荐研究。

6.4.1 KNN 回归算法

KNN 回归算法是机器学习算法中最基础、最简单的算法之一。它既能用于分类，也能用于回归。KNN 通过计算不同特征值之间的距离来进行分类或回归。

KNN 回归算法主要用于分类预测，但也可以用于回归预测。与分类预测类似，KNN 回归算法用于回归预测时，同样是寻找测试样本的 K 近邻，然后将这 K 个样本的目标值求均值，将该均值作为测试样本的预测值：

$$y_{pre} = \frac{1}{K} \sum_{i=1}^{K} y_i \qquad (式 6-1)$$

优点：精度高、对异常值不敏感、无数据输入假定。

缺点：计算复杂度高、空间复杂度高。

适用数据范围：数值型和标称型。

6.4.2 SVM 回归算法

支持向量机（support vector machine，SVM）算法的目的是寻找合适的分隔面来对样本进行分割，其分割原则是使样本间的差异最大化，并转化成为凸二次规划的问题来求解。它可以应用于简单的样本数据量较少的数据集，也可以应用于特征属性较多的复杂数据集，然后推广到函数拟合等样本处理问题中，它是符合监督学习思想的一种算法模型，可以实现对输入数据的关联进行分析，也可以同时用于对数据的属性分类和值的回归。

为了实现这种从低维度平面向更高维空间的变化，需要利用一些转化公式，也就是核函数，常用的有线性核函数（linear），多项式函数（polynomial，poly），径向基函数（radial basis function，RBF）和核函数（sigmoid）。

Linear 函数为线性核函数，如式 6-2 所示，利用线性转化得到的分割面一般对复杂一些的数据很难完全分割开来，但通常可以使这些复杂数据大部分得到准确的分割空间，即将这些复杂数据以较高的精度分类。

$$k(x, y) = x^T y \qquad (式 6-2)$$

Poly 函数为多项式函数，如式 6-3 所示，主要是将原本在普通平面上并不能有效分割的复杂数据转化到更高维的空间中。Poly 函数利用了多项式维度本身就较高的特点，便于在更高维空间中进行分割，生成的分割面更加可靠，准确率更高，通常情况下比线性核函数更适用于复杂的数据。

$$k(x, y) = (a x^T y + c)^d \qquad (式 6-3)$$

RBF 函数称为径向基函数，又称高斯核函数，如式 6-4 所示，与多项式函数不太一样，它可以在数据虽然复杂，但数据并不多的情况下，实现从高维到低维的转化，降低数据的复杂性，同时它可以将数据映射到无限维，样本边界更加多样，而且它只有一个变量参数，相比多项式更容易调参。

$$k(x, y) = \exp\left(-\frac{\|x - y\|^2}{2\sigma^2}\right) \qquad (\text{式 6-4})$$

Sigmoid 核函数使用相对较少，如式 6-5 所示，它来自神经网络，参数与多项式核函数相同，但只有满足特定的条件，才有较好的结果。

$$k(x, y) = \tanh\left(ax^T y + c\right) \qquad (\text{式 6-5})$$

前面四个式子中，x 和 y 代表低维和高维空间，k 代表不同的核函数，a，c 和 σ 为核函数的可调参数。

但也会出现数据即使被映射到高维空间后仍然不可分的情况，这就需要我们降低对分类平面精度的要求，可以选择将分类平面稍微移动一些，这就产生了松弛变量，通常我们认为在加上松弛平面后可分的结果便是可以分类正确的结果，这样平移的操作相当于是缩小了分类平面之间的间隔。

SVM 回归算法有以下几个优点：

（1）它是一种数学较强的适用小样本的机器学习方法，不需要特别高深复杂知识的融合，同时相对简化了分类和回归问题。

（2）模型计算的难易并不在于数据是否复杂，是否有着非常多的特征属性，只在于距离分割平面最近一些数据量，可以避免维数过高造成的参数过于复杂。

（3）少量的支持向量便可以实现最终结果的分类或回归，对异常值不敏感，这样不但可以找到关键性的特征样本、避免大量冗余样本影响实验结果，同时算法也较为简单，具有较好的鲁棒性。

SVM 的模型学习问题可以转换为凸优化的问题，所以计算数据最小值的过程可以更加简单。

SVM 具有优秀的泛化能力，对数据的延伸性较强。

同时也有以下几个缺点：

（1）对大规模数量的训练样本实施效果较差，如果数据量很大，模型会消耗非常多的时间。

（2）对解决多分类问题相对较为困难。

（3）不同的数据选取的模型及参数都大为不同，与此同时要对核函数进行调参，这样才能得到较高精度的模型。

6.4.3　随机森林回归算法

随机森林（random forest，RF）算法指的是通过对许多棵决策树在样本上的训练，通过集成的方式来预测结果。其基本的组成结构是决策树，决策树的结构类似一棵树，具有分支和节点，树枝的根部节点相当于对该数据的一种判断，树枝就是对这数据的方法计算，叶子就是对这个数据属性类别的判断结果。随机森林是依靠集成学习的一种算法，它的算法思路是通过许多决策树叶子节点的判断结果的平均来决定最终的回归结果。

集成学习是指通过集成很多组模型对数据进行学习的结果来实现对数据的分类或回归的问题。建立类似的很多组模型，分别对一些数据进行训练，得到这些模型各自对数据的判断，这些预测判断最后根据投票选择或平均来形成单个预测判断，会比只使用一个模型做出的判断更为准确。

决策树的数量越大，随机森林算法的鲁棒性越强，精确度越高。随机森林回归模型由多棵回归树构成，且森林中的每一棵决策树之间没有关联，模型的最终输出由森林中的每一棵决策树共同决定。

随机森林的随机性体现在两个方面：

（1）样本的随机性，从训练集中随机抽取一定数量的样本，作为每棵回归树的根节点样本。

（2）特征的随机性，在建立每棵回归树时，随机抽取一定数量的候选特征，从中选择最合适的特征作为分裂节点。

算法原理如下：

从训练样本集 S 中随机的抽取 m 个样本点，得到一个新的 S_1，…，S_n 个子训练集；用子训练集，训练一个 CART 回归树（决策树），这里在训练的过程中，对每个节点的切分规则是先从所有特征中随机选择 k 个特征，然后从这 k 个特征中选择最优的切分点再做左右子树的划分。通过第二步，可以生成很多个 CART 回归树模型。每一个 CART 回归树最终的预测结果为该样本点所到叶节点的均值。随机森林最终的预测结果为所有 CART 回归树预测结果的均值。

随机森林每棵决策树的生成规则如下：

对这些决策树模型，都要有不一样的数据集进行训练，主要采用的是有放回的采样，选取跟原始数据集相同数量的数据形成新的数据集。

同时每个决策树模型也要有不一样的分类结果，主要采用的是选择其中一部分分类类别作为结果进行训练。

每棵决策树模型都可以长得很长，不需要去除其中的一些分类结果。

随机森林具有以下几个优点：

（1）在良好的数据集上表现得相对较好，由于有放回的取样，所以模型不容易陷入过拟合。

（2）它可以自动进行特征选择，对复杂的数据同样能实现高精度的训练。

（3）算法实现比较简单，训练速度较快。

随机森林同时也有以下两个缺点：

（1）在噪音较大，数据质量较差的数据集上，还是会产生过拟合。

（2）数据类别不均衡的数据集对随机森林算法模型的结果有较大影响。

6.4.4 AdaBoost 回归算法

AdaBoost 是一种迭代算法，AdaBoost 回归算法其核心思想是针对同一个训练集训练不同的学习器（弱学习器），然后把这些弱学习器集合起来，构成一个更强的最终回归器（强学习器）。

AdaBoost 的主要优点有：

（1）AdaBoost 作为分类器时，分类精度很高。

（2）在 AdaBoost 的框架下，可以使用各种回归分类模型来构建弱学习器，非常灵活。

（3）作为简单的二元分类器时，构造简单，结果可理解。

（4）不容易发生过拟合。

AdaBoost 的主要缺点有：

对异常样本敏感，异常样本在迭代中可能会获得较高的权重，影响最终的强学习器的预测准确性。

6.4.5 XGBoost 回归算法

极端梯度提升（extreme gradient boosting，XGBoost）算法主要采用了 Boosting 提升法的思路，其思想是通过集成一些弱回归器从而提升得到一个强回归器。极端梯度提升主要建立一些决策树模型，第一棵树依据数据进行训练后，仍然会有损失值，这个值会让接下来的决策树进行训练，依次类推，得到这些训练好的决策树后，在进行新的数据集预测时，每棵树都可以对数据得到一个值，这些值的和就得到了整体树对数据的预测值。

如果 Boost 算法每一步的弱预测模型的生成都是依据损失函数的梯度方向，那么则称之为梯度提升，XGBoost 算法采用前向分步加型模型，只不过在每次迭代中生成弱学习器后不再需要计算一个系数，模型形式如下：

$$F_T(X) = \sum_{m=0}^{T} f_m(X) \qquad \text{(式 6-6)}$$

XGBoost 算法通过优化结构化损失函数（加入了正则项的损失函数，可以起到降低过拟合的风险）来实现弱学习器的生成，并且 XGBoost 算法没有采用搜索方法，而是直接利用了损失函数的一阶导数和二阶导数值，并通过预排序、加权分位数等技术大大提高了算法的性能。

极端梯度提升算法有以下几个优点：

（1）算法能够减少过拟合的现象。

（2）可以采用 Early Stop 提前停止，当得到的训练结果已经很好的时候可以选择提前停止添加决策树，加快训练的速度。

（3）该算法对稀疏数据的处理结果相对较好。

极端梯度提升算法同时也有以下几个缺点：

模型会对数据的特征属性进行分析排序，如果我们的数据集量很大时，会消耗很多的时光。

前面一些树的训练可能已经符合我们的预期，再进行后续的很多树的训练，模型提高并不会很大，造成了冗余的训练。

6.5 滑坡治理工程定量推荐模型评价

6.5.1 度量标准

MSE（Mean Squared Error）均方误差的公式见式 6-7：

$$\frac{1}{m}\sum_{1=1}^{n} (y_m - \hat{y}_m)^2 \qquad \text{(式 6-7)}$$

均方误差，描述的真实值减去预测值，然后平方之后求和平均。

RMSE（root mean squared error）均方根误差的公式见式 6-8：

$$\text{RMSE} = \sqrt{\frac{1}{m}\sum_{1=1}^{n} (y_m - \hat{y}_m)^2} \qquad \text{(式 6-8)}$$

RMSE 代表的是预测值和真实值差值的样本标准差。和 MAE 相比，RMSE 对大误差样本有更大的惩罚。不过 RMSE 有一个缺点就是对离群点敏感，这样会导致 RMSE 结果非常大。

MAE（mean absolute error）平均绝对值误差的公式见式 6-9。

$$\text{MAE} = \frac{1}{m}\sum_{i=1}^{m} \left| y_m - \hat{y}_n \right| \qquad (6-9)$$

平方绝对值误差，描述的是真实值减去预测值的绝对值之和的平均值 R^2，公式如式 6-10 所示。

$$R^2 = 1 - \frac{SS_{residual}}{SS_{total}} = 1 - \frac{\sum_{i=1}^{n} \left[y_i - f(x)_i \right]^2}{\sum_{i=1}^{n} (y_i - \bar{y}_i)^2} \qquad (式 6-10)$$

平均绝对误差百分比（mean absolute percentage error，MAPE），公式如式 6-11 所示。

$$MAPE = \frac{100\%}{n} \sum_{i=1}^{n} \left| \frac{\hat{y}_i - y_i}{y_i} \right| \qquad (式 6-11)$$

MAPE 通过计算绝对误差百分比来表示预测效果，其取值越小越好。如果 MAPE = 10，那么表明预测平均偏离真实值 10%。

由于 MAPE 计算与量纲无关，因此在特定场景下不同问题具有一定的可比性。

6.5.2　抗滑桩的参数定量推荐实验结果

治理工程定量推荐模型的第一个推荐的内容是治理措施的部分参数，本书收集到的治理措施参数只有抗滑桩部分的参数较为具体，故本节主要是进行抗滑桩的参数定量推荐研究。由于是参数推荐，本节使用回归算法进行预测，将预测出的预测值推荐给待治理的滑坡。

抗滑桩的参数包括抗滑桩数量、抗滑桩的间距、抗滑桩的桩长这三个主要参数。其中抗滑桩又分为 A 类、B 类、C 类等多类抗滑桩，本书为了简化研究模型，把抗滑桩的类型统一为 A 类、B 类、C 类的抗滑桩。构建三种不同的抗滑桩参数推荐模型，由用户根据实际情况选择最终的参数进行参考。

三类抗滑桩数量参数推荐基于不同回归算法的结果如表 6-6 所示。

表 6-6　三类抗滑桩数量参数推荐基于不同回归算法的结果

推荐内容	回归算法	R^2	MAE/根	RMSE/根
A 类 抗滑桩数量	基于 KNN 回归算法	0.12	4.90	6.87
	基于 SVM 回归算法	0.23	4.50	6.84
	基于随机森林回归算法	0.38	4.45	6.75
	基于 AdaBoost 回归算法	0.35	4.76	6.86
	基于 XGBoost 回归算法	0.43	4.20	6.53

表6-6(续)

推荐内容	回归算法	R^2	MAE/根	RMSE/根
B类 抗滑桩数量	基于 KNN 回归算法	0.48	2.22	4.68
	基于 SVM 回归算法	0.51	2.01	4.54
	基于随机森林回归算法	0.53	1.95	4.48
	基于 AdaBoost 回归算法	0.56	1.89	4.23
	基于 XGBoost 回归算法	0.58	1.78	4.12
C类 抗滑桩数量	基于 KNN 回归算法	0.79	1.45	2.90
	基于 SVM 回归算法	0.80	1.43	2.85
	基于随机森林回归算法	0.82	1.40	2.78
	基于 AdaBoost 回归算法	0.78	1.43	2.82
	基于 XGBoost 回归算法	0.83	1.35	2.75

从表6-6可以看出，C类抗滑桩数量的参数回归结果较好，A类抗滑桩数量的参数推荐结果较差。基于不同回归算法，C类抗滑桩的数量平均预测误差绝对值为1~2根，B类抗滑桩数量的平均预测误差绝对值为1~3根，A类抗滑桩数量的平均预测误差绝对值为4~5根。其中，最佳的回归算法是XGBoost回归算法。

三类抗滑桩间距参数推荐基于不同回归算法的结果如表6-7所示。

表6-7　三类抗滑桩间距参数推荐基于不同回归算法的结果

推荐内容	回归算法	R^2	MAE/米	RMSE/米
A类 抗滑桩间距	基于 KNN 回归算法	0.75	0.86	1.03
	基于 SVM 回归算法	0.86	0.49	0.78
	基于随机森林回归算法	0.93	0.28	0.49
	基于 AdaBoost 回归算法	0.92	0.30	0.56
	基于 XGBoost 回归算法	0.95	0.25	0.43
B类 抗滑桩间距	基于 KNN 回归算法	0.68	0.67	1.01
	基于 SVM 回归算法	0.71	0.75	0.78
	基于随机森林回归算法	0.97	0.40	0.67
	基于 AdaBoost 回归算法	0.98	0.39	0.64
	基于 XGBoost 回归算法	0.98	0.38	0.63

表6-7(续)

推荐内容	回归算法	R^2	MAE/米	RMSE/米
C类 抗滑桩间距	基于 KNN 回归算法	0.60	1.75	3.20
	基于 SVM 回归算法	0.65	1.63	2.85
	基于随机森林回归算法	0.79	1.45	2.90
	基于 AdaBoost 回归算法	0.78	1.43	2.82
	基于 XGBoost 回归算法	0.83	1.35	2.75

从表6-7可以看出，抗滑桩间距的回归模型效果较佳，其中 A 类抗滑桩的间距，平均绝对误差低于 1 米，C 类抗滑桩间距的平均绝对误差也是低于 2 米。

三类抗滑桩桩长参数推荐基于不同回归算法的结果如表 6-8 所示。

表 6-8　三类抗滑桩桩长参数推荐基于不同回归算法的结果

推荐内容	回归算法	R^2	MAE/米	RMSE/米
A类 抗滑桩桩长	基于 KNN 回归算法	0.55	3.05	3.85
	基于 SVM 回归算法	0.60	2.65	3.56
	基于随机森林回归算法	0.65	2.29	3.42
	基于 AdaBoost 回归算法	0.67	2.20	3.06
	基于 XGBoost 回归算法	0.71	2.15	2.78
B类 抗滑桩桩长	基于 KNN 回归算法	0.58	2.78	5.75
	基于 SVM 回归算法	0.71	2.64	4.89
	基于随机森林回归算法	0.69	1.72	3.39
	基于 AdaBoost 回归算法	0.75	1.68	3.21
	基于 XGBoost 回归算法	0.76	1.56	3.15
C类 抗滑桩桩长	基于 KNN 回归算法	0.61	3.25	8.56
	基于 SVM 回归算法	0.68	2.68	6.75
	基于随机森林回归算法	0.77	2.28	5.89
	基于 AdaBoost 回归算法	0.79	1.95	3.86
	基于 XGBoost 回归算法	0.82	1.89	3.75

从表6-8可以看出，可以看出基于 XGBoost 回归算法在多种回归算法中效果较佳，C 类抗滑桩桩长的预测平均误差绝对值最佳结果为 1.89 米，B 类抗

滑桩桩长的预测平均误差绝对值最佳结果为 1.56 米，A 类抗滑桩桩长的预测平均误差绝对值最佳结果为 2.15 米，其中 B 类抗滑桩的桩长预测效果较其他两类抗滑桩的桩长预测效果更好。

6.5.3 滑坡治理总成本定量推荐实验结果

滑坡治理总成本定量推荐研究的研究对象是滑坡治理的总成本，总成本的数据分布情况如图 6-9、图 6-10 所示。本书一共收集了 609 个滑坡，其中小型滑坡样本数最多有 452 个，中型滑坡样本有 146 个，大型及以上滑坡样本数仅有 11 个。

总成本的数据分布情况如表 6-9 所示。

表 6-9　总成本的数据分布情况

体积/万立方米	规模	滑坡样本数量/个	成本范围/万元
0~10	小型滑坡	452	20.75~485.50
10~100	中型滑坡	146	31.92~1 143.09
100 以上	大型及以上滑坡	11	273.11~5 083.00

由于大型及以上滑坡的样本数较少，即使进行数据均衡，大型以上滑坡的样本数也无法支撑起一个较可靠的滑坡推荐模型。故本书仅对小型滑坡与中型滑坡进行治理总成本定量推荐研究。

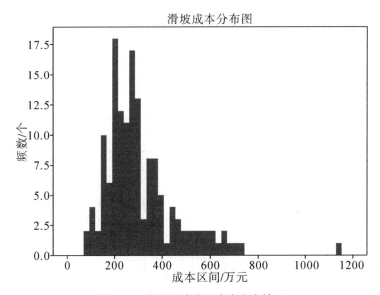

图 6-9　小型滑坡治理成本分布情况

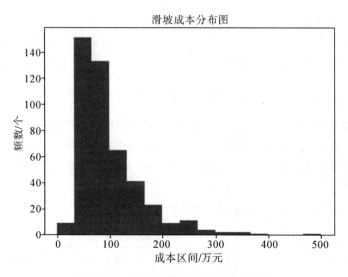

图 6-10　中型滑坡治理成本分布情况

　　由于是数值型预测，使用回归算法是效果较好的机器学习方法，故本书采用了基于 KNN 回归算法、基于 SVM 回归算法、基于随机森林回归算法、基于 AdaBoost 回归算法、基于 XGBoost 回归算法五种不同的机器学习回归算法进行对比实验。建立的滑坡治理定量推荐模型中滑坡治理总成本推荐流程如图 6-11 所示。

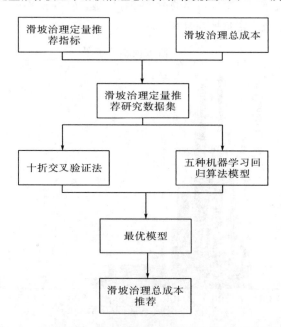

图 6-11　滑坡治理工程定量推荐中治理总成本推荐模型流程

首先，根据分析得到的滑坡治理定量推荐指标和滑坡治理总成本构成滑坡治理定量推荐研究数据集，其中小型滑坡与中型滑坡建立其各自的数据集，使用五种不同的回归算法通过十折交叉验证法进行实验对比。其次，比较不同机器学习算法的精度结果，选择最优模型作为滑坡治理总成本推荐模型。主要使用 Python 语言完成，采用 Pycharm 软件进行编写代码，根据各算法的参数设计调参程序，实现不同算法的参数优化。

6.5.3.1 基于 KNN 回归算法的推荐实验

分别建立小型和中型滑坡治理成本的两个不同 KNN 回归模型，根据数据集来确定输入，输入为滑坡定量推荐指标体系中确定的那些对滑坡治理成本有较高影响的影响因子的数据特征，输出为小型或中型滑坡的治理总成本。经过参数优化，寻找精度最高的 KNN 回归模型，模型训练参数如表 6-10 所示，模型训练结果如表 6-11 所示。

表 6-10　模型训练参数

模型类型	训练参数	参数含义	参数值
小型滑坡 KNN 模型	n_neighbors	K 近邻个数	15
	weights	确定近邻的权重	distance
中型滑坡 KNN 模型	n_neighbors	K 近邻个数	9
	weights	确定近邻的权重	distance

表 6-11　基于 KNN 回归算法的治理总成本推荐模型结果

滑坡类型	R^2	MAE/万元	RMSE/万元	MAPE/%
小型滑坡	0.20	43.52	62.91	49.5
中型滑坡	0.29	113.93	160.03	42.0

6.5.3.2 基于 SVM 回归算法的推荐实验

分别建立小型和中型滑坡治理成本的两个不同 SVM 回归模型，根据数据集来确定输入，输入为滑坡定量推荐指标体系中确定的那些对滑坡治理成本有较大影响的影响因子的数据特征，输出为小型或中型滑坡的治理总成本。经过参数优化，寻找精度最高的 SVM 回归模型，模型训练参数如表 6-12 所示，模型训练结果如表 6-13 所示。

表 6-12　模型训练参数

模型类型	训练参数	参数含义	参数值
小型滑坡 SVM 模型	kernel	kernel 类型	RBF
	C	惩罚系数	200
	gamma	核函数中的 gamma 函数设置	0.1
	epsilon	RBF 中的核宽度	0.1
中型滑坡 SVM 模型	kernel	kernel 类型	RBF
	C	惩罚系数	500
	gamma	核函数中的 gamma 函数设置	0.1
	epsilon	RBF 中的核宽度	0.1

表 6-13　基于 SVM 回归算法的治理总成本推荐模型结果

滑坡类型	R^2	MAE/万元	RMSE/万元	MAPE/%
小型滑坡	0.28	46.23	63.85	56.9
中型滑坡	0.29	113.93	160.03	42.0

6.5.3.3　基于随机森林回归算法的推荐实验

分别建立小型和中型滑坡治理成本的两个不同随机森林回归模型，根据数据集来确定输入，输入为滑坡定量推荐指标体系中确定的那些对滑坡治理成本有较大影响的影响因子的数据特征，输出为小型或中型滑坡的治理总成本。经过参数优化，寻找精度最高的随机森林回归模型，模型训练参数如表 6-14 所示，模型训练结果如表 6-15 所示。

表 6-14　模型训练参数

模型类型	训练参数	参数含义	参数值
小型滑坡随机森林回归模型	n_estimators	弱学习器个数	280
	max_depth	最大深度	30
	max_features	最大特征数	30
中型滑坡随机森林回归模型	n_estimators	弱学习器个数	300
	max_depth	最大深度	30
	max_features	最大特征数	30

表 6-15　基于随机森林回归算法的治理总成本推荐模型结果

滑坡类型	R^2	MAE/万元	RMSE/万元	MAPE/%
小型滑坡	0.37	32.84	45.89	35.6
中型滑坡	0.26	88.12	121.43	36.3

6.5.3.4　基于 AdaBoost 回归算法的推荐实验

分别建立小型和中型滑坡治理成本的两个不同 AdaBoost 回归模型，根据数据集来确定输入，输入为滑坡定量推荐指标体系中确定的那些对滑坡治理成本有较大影响的影响因子的数据特征，输出为小型或中型滑坡的治理总成本。经过参数优化，寻找精度最高的 AdaBoost 回归模型，模型训练参数如表 6-16 所示，模型训练结果如表 6-17 所示。

表 6-16　模型训练参数

模型类型	训练参数	参数含义	参数值
小型滑坡 AdaBoost 回归模型	n_estimators	弱学习器个数	30
	learning_rate	学习率	0.1
	loss	损失函数	linear
中型滑坡 Adaboost 回归模型	n_estimators	弱学习器个数	100
	learning_rate	学习率	0.1
	loss	损失函数	linear

表 6-17　基于 AdaBoost 回归算法的治理总成本推荐模型结果

滑坡类型	R^2	MAE/万元	RMSE/万元	MAPE/%
小型滑坡	0.34	32.89	47.76	35.1
中型滑坡	0.32	82.45	121.45	31.8

6.5.3.5　基于 XGBoost 回归算法的推荐实验

分别建立小型和中型滑坡治理成本的两个不同 XGBoost 回归模型，根据数据集来确定输入，输入为滑坡定量推荐指标体系中确定的那些对滑坡治理成本有较大影响的影响因子的数据特征，输出为小型或中型滑坡的治理总成本。经过参数优化，寻找精度最高的 XGBoost 回归模型，模型训练参数如表 6-18 所示，模型训练结果如表 6-19 所示。

表 6-18　模型训练参数

模型类型	训练参数	参数含义	参数值
小型滑坡 XGBoost 回归模型	n_estimators	弱学习器个数	80
	learning_rate	学习率	0.1
	max_depth	最大深度	5
中型滑坡 XGBoost 回归模型	n_estimators	弱学习器个数	90
	learning_rate	学习率	0.1
	max_depth	最大深度	6

表 6-19　基于 XGBoost 回归算法的治理总成本推荐模型结果

滑坡类型	R^2	MAE/万元	RMSE/万元	MAPE/%
小型滑坡	0.31	31.28	49.13	28.9
中型滑坡	0.15	86.18	135.03	30.3

6.5.4　实验结果对比总结

本书对滑坡治理总成本使用了五种不同的机器学习回归算法进行建模,其中 XGBoost 回归算法的效果最佳,如表 6-20 所示。

表 6-20　基于 XGBoost 回归算法的治理总成本推荐模型结果

项目	样本量	R^2	MAE/万元	RMSE/万元	MAPE/%
小型滑坡	452	0.31	31.28	49.13	28.9
中型滑坡	146	0.15	86.18	135.03	30.3
基于样本量的 加权平均值	*	0.27	44.68	70.10	29.2

从表 6-20 可以看出,基于 XGBoost 回归算法的治理总成本推荐模型的 MAPE 加权平均值小于 29.2%。MAPE 是平均绝对百分误差,MAPE 低于 29.2%,也就是滑坡治理总成本的回归结果误差低于 30%。

6.6　滑坡影响因子重要性验证

对于 XGBoost 模型，查看每个特征对于模型的贡献程度，对 XGBoost 模型的特征重要性程度进行了计算，将特征重要性程度进行排序，绘制特征重要性程度排名前十的特征，得到的结果如图 6-12 所示。其中，对于滑坡治理工程定量推荐中总成本推荐影响最大的特征是体积，接下来依次是纵向长度、平均宽度、房屋类型、面积、高差、滑坡中部厚度、人均地区生产总值、房屋面积以及倾角。这些特征在 XGBoost 模型中的特征重要性程度占所有特征重要性程度的 71.8%，对于滑坡总成本定量推荐的影响较大。

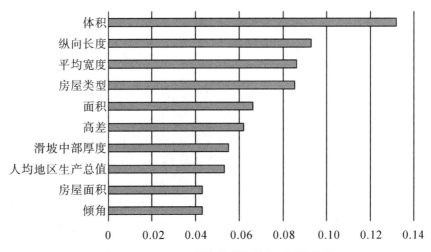

图 6-12　XGBoost 分类模型的特征重要性程度

7 滑坡降雨临界阈值研究

7.1 临界阈值拟合方法

  本书采用的滑坡降雨临界阈值拟合方法为 $I-E$ 法，即降雨强度-前期有效降雨拟合方法。该方法衍生于 Caine 于 1980 年提出阈值曲线，是一种经验性降雨阈值拟合方法。由 $I-E$ 降雨阈值拟合方法的名字可知，其拟合过程主要涉及两个指标：一是滑坡发生时的雨强，以日为时间单位便是当日降雨量，记为 I；另外一个指标为前 n 天的有效降雨量，记为 E_{1-n}。由前面的分析可知，滑坡的发生是由前期降雨和当日降雨共同作用所导致的，即两者之和共同导致了滑坡的发生，因此可知两者之间是呈线性关系的，即 $I = k * E_{1-n} + b$，如果已知 E_{1-n}，则可以估测出滑坡发生时的临界雨量。

  $I-E$ 降雨阈值拟合方法的实现流程如下：首先，根据历史滑坡信息，获取滑坡发生当日的降雨量 I，并计算前期有效降雨量 E_{1-n}；其次，将所有滑坡点的 I 与 E_{1-n} 标注在散点图上，分析滑坡散点图的上界与下界；最后，使用线性关系拟合散点图的下界，该下界便是滑坡发生的警戒线。对于一个未知的滑坡点，将滑坡的前期降雨量 E_{1-n} 代入下界公式，计算获得警戒值，若预计的当日降雨量大于该警戒值，则判定为会滑坡。该方法能够较好地获得警戒值，但是该警戒值与滑坡发生时的实际降雨量相差较大，不能很好地进行预测预报，本书在后续的工作中基于该方法做了一定的优化。

  $I-E$ 降雨阈值拟合方法中的关键点是要获取合适的前期有效降雨量 E_{1-n}，该值的确定必须选取合适的 n 值，即到底计算前几天的有效降雨量。相关研究表明，滑坡的发生一般与近 7~15 天的降雨量有关，本书基于有效降雨量与滑坡发生的相关性来选取合适的 n 值。首先，计算得到滑坡发生前 1~10 天的有效降雨量 E_0，E_1，E_2，$\cdots$，E_{10}，而后分别计算与滑坡发生的相关性，计算结果如表 7-1 所示。由表中信息可知，随着信息的增多，前期有效降雨量与滑坡发生的相关性逐渐增大，但是当到达 E_8 之后，相关性不再增加，说明 8 天之前的降雨对滑坡的发生影响不大，因此本书中的前期有效降雨选择 E_{1-8}。

表 7-1　前期有效降雨与滑坡的相关性

指标	E_0	E_1	E_2	E_3	E_4	E_5	E_6	E_7	E_8	E_9	E_{10}
相关性	0.39	0.55	0.62	0.67	0.71	0.73	0.75	0.76	0.77	0.77	0.77

7.2　基于区域划分的临界阈值研究

经验性降雨阈值拟合方法的关键环节是历史滑坡点的选择，目前比较主流的方法是基于行政区域进行选择，即根据一个市或者县的历史滑坡信息，拟合得到该市、县的降雨临界阈值曲线。基于区域划分的临界阈值研究方法一般只能适用于小范围的阈值研究，区域范围越小阈值预测越准确。该方法之所以只能适用于小范围的研究，是因为其将研究区域内的地质地形条件视为完全一样，而区域范围越大则地形地质条件差异越大，因此该方法不适用于大范围的临界阈值研究。鉴于这个原因，本书的研究基于县级行政区展开，为了能够兼顾四川省内各个区域，本书选择了分布在川北的广元市旺苍县、川东的广安市邻水县、川南的凉山州会东县三个县级行政区作为本节的研究对象。

7.2.1　川北地区旺苍县降雨临界阈值

旺苍县隶属于四川省广元市。旺苍县境内地形复杂，地势整体北高南缓，气候属于中亚热带湿润季风气候，该地区四季分明且雨量充沛。基于多种因素，旺苍县在四川境内属于灾害较多的区县之一，因此，本书选择其作为四川北部的代表区县研究滑坡降雨临界阈值。

旺苍县的 $I-E$ 滑坡降雨临界阈值拟合流程主要分为以下几个步骤：

（1）根据区县信息筛选出旺苍县境内的所有滑坡点，依据滑坡地点与时间合并群发性滑坡。群发性滑坡即短时间内同一地区发生的多次滑坡，由于其滑坡降雨信息基本一致，因此只保留其中一条记录即可。最终筛选得到 77 条滑坡记录，从所有滑坡记录中抽取出部分滑坡点作为测试集，用于验证临界阈值线的有效性。

（2）根据滑坡发生时间获取发生当日的降雨量 I，同时根据发生前的历史降雨信息计算滑坡发生前8天的有效降雨量 E_{1-8}。以 I 为纵轴，E_{1-8} 为横轴，绘制滑坡散点图（后同），拟合滑坡散点图的下界得到表达式 $I = -1.037\,8E_{1-8} + 36.308$，拟合上界得到表达式 $I = -0.784\,1E_{1-8} + 89.386$，上界与下界取中值得到旺苍县滑坡的阈值线 $I = -0.923\,5E_{1-8} + 62.801$。下界即滑坡发生的警戒线，当降雨低于警戒线时滑坡不会发生，反之则有发生的可能性，即 $I > -0.923\,5E_{1-8} + 62.801$ 时滑坡有可能发生。因为警戒线是下边界，其预测值与滑坡发生时的真实降雨相差较大，所以提出了阈值线用于估计滑坡发生时实际降雨量。旺苍的滑坡降雨临界阈值拟合结果如图7-1所示。

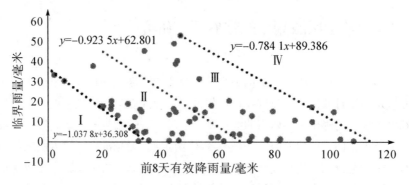

图7-1　旺苍县滑坡降雨临界阈值图

（3）根据下界、上界以及阈值线划分滑坡危险等级，分为无风险、低风险、中等风险与高风险四个等级，使用罗马数字表示为 Ⅰ、Ⅱ、Ⅲ、Ⅳ级，其含义如表7-2所示。根据表中的划分规则得到旺苍县的危险性等级区分图，如图7-2所示。

表7-2　滑坡危险性划分准则

等级	危险性	含义	判定标准
Ⅰ级	无风险	发生滑坡的可能性为零，无须警戒	滑坡点的 (I, E_{1-8}) 值位于警戒线之下
Ⅱ级	低风险	有一定可能性会发生滑坡，需要采取警戒措施	滑坡点的 (I, E_{1-8}) 值位于警戒线之上，阈值线之下
Ⅲ级	中等风险	有较大可能性会发生滑坡，必须采取防护措施	滑坡点的 (I, E_{1-8}) 值位于阈值线之上，但不超过上边界
Ⅳ级	高风险	有非常大的可能性会发生滑坡，需要采取最高等级的防护措施	滑坡点的 (I, E_{1-8}) 值超过历史滑坡的上边界

为了评估拟合效果,使用部分已发生滑坡去验证阈值线的有效性,同时评估危险性等级划分的科学性。具体的检验方法为:首先,基于滑坡发生的前期降雨以及当日降雨评估滑坡的危险性等级,实际的预警工作中当日降雨一般使用预报雨量;其次,将前期降雨 E_{1-8} 代入阈值线计算公式得到预测阈值;最后,计算预测阈值与滑坡发生当日的降雨量之差用于评估阈值估测的有效性。旺苍县临界阈值性能验证检验结果图如图 7-2 所示,图中滑坡点具体信息见表 7-3。

表 7-3   旺苍县临界阈值检验结果汇总表

序号	滑坡	前期雨量/毫米	临界雨量/毫米	预警等级	预测阈值	阈值误差
1	旺苍县五权镇闻家营滑坡	70.98	24.61	中风险	0.00	24.61
2	旺苍县金溪镇罗家磅滑坡	107.61	15.18	高风险	0.00	15.18
3	旺苍县英萃镇向家梁滑坡	26.81	5.35	无风险	38.05	32.70
4	旺苍县农建乡大田河滑坡	25.06	1.31	无风险	39.66	38.36
5	旺苍县木门镇木门小学滑坡	64.19	20.05	中风险	3.52	16.53
6	旺苍县国华镇五社梁滑坡	84.35	23.28	高风险	0.00	23.28
7	旺苍县东河镇凤家碥滑坡	44.92	48.42	中风险	21.31	27.11
8	旺苍县普济镇刘家坪滑坡	36.73	10.58	低风险	28.88	18.31
9	旺苍县嘉川镇桐子树湾滑坡	6.87	35.15	低风险	56.45	21.31
10	旺苍县正源乡柿子坪滑坡	52.44	2.20	低风险	14.37	12.17
11	旺苍县大两乡凤洞岩滑坡	71.29	20.62	中风险	0.00	20.62
12	旺苍县黄洋镇杨家院子滑坡	79.59	14.70	中风险	0.00	14.70
13	旺苍县普济镇白树垭滑坡	73.96	32.85	高风险	0.00	32.85
14	旺苍县嘉川镇三清庙滑坡	69.73	17.65	中风险	0.00	17.65

分析图表可以得到以下几个结论:一是绝大多数的滑坡均位于警戒线之上,只有两次滑坡位于警戒线之下,因此可以认定警戒线的预警效果是比较有效的;二是检验样本中大多数滑坡均位于中风险区,部分位于高风险区,少量位于低风险区,因此可知本方案的风险等级划分准则是比较可靠的;三是大多数滑坡的预测阈值与滑坡发生当日的实际降雨相差较大,达到了 20 毫米以上,可以说明该阈值线划定方法有一定的可靠性,但还需要改进。

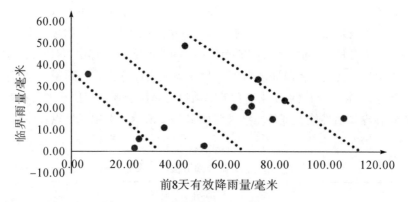

图 7-2　旺苍县临界阈值性能检验结果图

7.2.2　川东地区邻水县降雨临界阈值

邻水县隶属于四川省广安市，位于四川省东部地区。邻水县属川东褶皱平行岭谷低山丘陵区，气候属于亚热带湿润季风气候，降雨集中在夏季且突发性暴雨较多。因为地形地貌以及降雨的影响，邻水县境内滑坡灾害频发，所以本书选择其作为四川省东部地区的代表研究滑坡降雨临界阈值。

邻水县滑坡降雨临界阈值的拟合方法与旺苍县一致，在此不再赘述，本节主要分析一下两者的区别。邻水县一共包含 37 条滑坡记录，观察滑坡的降雨信息，邻水县的滑坡主要分为两簇：一簇表现为当日降雨量基本为零，但是前期降雨量非常大；另外一簇表现为前期降雨量较小，当日降雨量非常大，达到了 60~150 毫米，属于暴雨或者大暴雨。由此说明邻水县的滑坡降雨分布特征与旺苍县有较大的差别，整体说来雨量比较大。拟合得到邻水县的滑坡降雨临界阈值结果如图 7-3 所示，由图中信息可知，邻水县的滑坡降雨警戒线为 $I = -3.247\,3E_{1-8} + 229.88$，阈值线为 $I = -2.564\,3E_{1-8} + 260.79$，上边界为 $I = -1.881E_{1-8} + 291.67$。

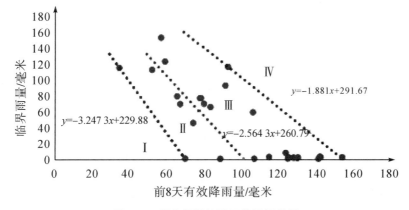

图 7-3　邻水县滑坡降雨临界阈值图

　　邻水县的滑坡降雨临界阈值验证结果如图 7-4 所示，验证滑坡的详细信息如表 7-4 所示。观察验证结果可知，7 个验证滑坡中只有 1 个预警失败，其他滑坡都预警成功，说明警戒线的设置还是比较合理的。验证滑坡在低、中、高风险等级内均有分布，与旺苍县主要集中于中高风险区不同，说明邻水县的滑坡有独特的降雨分布特征。除此之外，与旺苍县一样，滑坡发生当日的降雨预测不是很准确，部分滑坡误差非常大，说明该方案还需要进一步的改进才能投入应用。

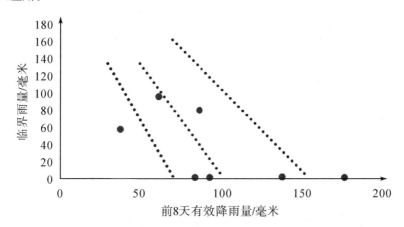

图 7-4　邻水县临界阈值性能检验结果图

表 7-4　邻水县临界阈值检验结果汇总表

序号	滑坡	前期雨量/毫米	临界雨量/毫米	预警等级	预测阈值	阈值误差
1	邻水县冷家乡梨树湾滑坡	38.02	56.44	无风险	163.29	106.85

表7-4(续)

序号	滑坡	前期雨量/毫米	临界雨量/毫米	预警等级	预测阈值	阈值误差
2	邻水县合流镇倒角塘滑坡	93.56	0.09	低风险	20.88	20.79
3	邻水县华蓥乡漕沟滑坡	84.11	0.17	低风险	45.10	44.93
4	邻水县牟家镇一号桥滑坡	138.5	0.69	中等风险	0.00	0.69
5	邻水县王家镇大坡湾滑坡	61.88	94.10	低风险	102.12	8.02
6	邻水县合流镇牛四坨滑坡	86.88	78.07	中等风险	38.01	40.07
7	邻水县丰禾镇石骨子滑坡	177.16	0.00	高风险	0.00	0.00

7.2.3　川南地区会东县降雨临界阈值

会东县隶属于四川省凉山彝族自治州,位于四川省的南端。会东县地貌主要以山地为主,气候属于中亚热带西部湿润季风气候,该气候区的主要特点是雨量集中、干湿季分明。因为降雨与本身地质较脆弱的原因,会东县也是四川省内滑坡灾害较多的区县之一,所以本书选择其作为四川南部地区的代表研究滑坡降雨临界阈值。

基于同样的方法拟合会东县的滑坡降雨临界阈值,合并群发性滑坡之后,一共获得会东县境内45条滑坡记录。分析其滑坡降雨分布特征,发现会东县境内滑坡雨量散点图分布得比较均匀,可知会东县境内的滑坡是在前期降雨和当日降雨的共同作用下导致的。会东县的滑坡降雨临界阈值结果如图7-5所示,由图可知会东县的警戒线为 $I = -1.4239E_{1-8} + 61.71$,阈值线为 $I = -1.2538E_{1-8} + 97.481$,上边界为 $I = -1.0833E_{1-8} + 133.25$。

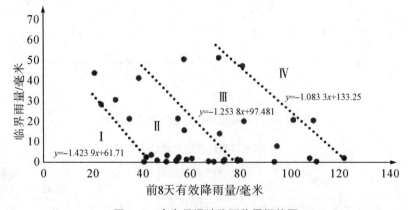

图7-5　会东县滑坡降雨临界阈值图

使用验证数据集检验会东县滑坡降雨临界阈值的有效性，检验结果如图7-6所示，检验滑坡点的详细信息如表7-5所示。由检验信息可知，首先，滑坡点只有一个滑坡位于警戒线以下，说明警戒线取得比较合适。其次，警戒成功的滑坡均匀分布于各风险区，这说明危险性等级的划分比较合理。最后，分析会东县的降雨量特点可知会东县虽然整体降雨量不大，但是阈值误差却不小，说明临界阈值的估测还有不小的提升空间。

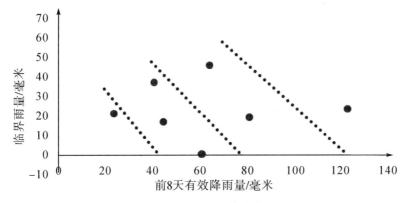

图7-6 会东县临界阈值性能检验结果图

表7-5 会东县临界阈值检验结果汇总表

序号	滑坡	前期雨量/毫米	临界雨量/毫米	预警等级	预测阈值	阈值误差
1	会东县堵格镇堵格村滑坡	64.51	45.35	中等风险	16.60	28.74
2	会东县姜州镇孙家湾滑坡	123.16	22.97	高风险	0.00	22.97
3	会东县新云乡大坪地滑坡	61.52	0.00	低风险	20.34	20.34
4	会东县堵格镇大树子滑坡	24.22	20.61	无风险	67.12	46.51
5	会东县会东镇老街村滑坡	41.31	36.50	低风险	45.68	9.18
6	会东县长新乡小学滑坡	81.44	18.59	中等风险	0.00	18.59
7	会东县文箐乡火山村滑坡	45.47	16.49	低风险	40.47	23.98

7.2.4 方案总结

分析旺苍、邻水、会东三个县级行政区的降雨临界阈值拟合结果，可以发现 *I-E* 阈值拟合方法是比较合理的，依据该方法划定的警戒线比较合理，危险性分级准则可行，但是降雨阈值的估测还存在改进的空间。分析该方法的原理以及实验结果，可以得到其局限性主要有以下几点：

（1）基于区域划分拟合的阈值，导致可参考滑坡点数量较少，没有利用当前大数据的优势，这直接影响了最终的拟合效果。

（2）该方法将一个区域内的所有滑坡点都视为拥有完全一样的地形地质条件，但这个假设在实际情况中是不成立的。即使两个滑坡在同一个区县范围内，其地形地质条件都可能有很大的差异。

（3）该方法只考虑了滑坡的前期降雨量，未考虑雨型对于滑坡的影响，而相关研究表明雨型在滑坡形成过程中也起着非常重要的作用，即使是同样的雨量，不同的雨型也有可能导致不同的结果。

（4）该方法基于各个区县拟定的滑坡降雨临界阈值只能适用于本区域，没法扩展到其他区县，方法可扩展性不强。

以上种种原因限制了该方法的有效性以及实用性，下节将基于推荐系统改进该方法，着手解决上述问题，在提高其阈值预测精度的同时增强其实用性。

7.3 基于推荐系统的临界阈值研究

7.3.1 推荐系统架构

本书所采用的推荐方法为基于内容的推荐，即首先提取滑坡点的各种特征，对每个滑坡点从地形地貌、环境条件、前期降雨等多个角度进行精细的刻画，而后为滑坡隐患点推荐数个与之最相似的参考滑坡，使用参考滑坡的信息去拟合本滑坡隐患点的降雨临界阈值。本滑坡推荐系统设计两个推荐环节，首先使用初级推荐系统推荐出滑坡候选集，接着使用次级推荐系统从候选集中推荐出最终的参考滑坡点，其整体流程如图7-7所示。对于一个滑坡隐患点，基于推荐系统的滑坡降雨临界阈值拟合流程分为以下几个环节：

（1）滑坡数据库构建。基于历史滑坡信息提取滑坡点的各种特征，主要包括地形地貌、环境条件、诱发因素、人类活动影响因子几个方面，根据提取的特征构建历史滑坡数据库。

（2）初级推荐。对于一个滑坡隐患点，使用同样的方法提取其特征，而后基于初级推荐系统从历史滑坡数据库中为其推荐数个最相似的滑坡，形成滑坡候选集。初步推荐环节只使用了滑坡点的前期降雨信息，推荐的方法为使用时间序列搜索算法为隐患点推荐数个与其前期降雨最相似的滑坡点。

（3）次级推荐。次级推荐环节从滑坡候选集中推荐出数个最相似的滑坡，作为本滑坡隐患点的最终参考滑坡。次级推荐环节使用滑坡点的地形地貌、地质岩性、人类活动、植被覆盖等信息，即除去降雨以外的所有特征。推荐的方法为使用聚类的方法，根据聚类结果选择与隐患滑坡点是同一类别的滑坡作为参考滑坡。

（4）阈值拟合。根据推荐出来的所有参考滑坡点的前期雨量以及临界雨量信息，使用 I-E 阈值拟合方法拟合出本滑坡隐患点的降雨临界阈值。

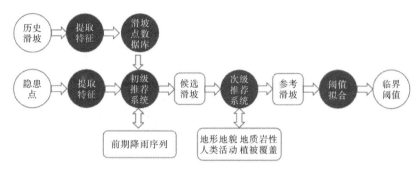

图 7-7　推荐系统架构

通过初级推荐系统筛选出了与隐患点前期降雨信息最相似的滑坡点，而通过次级学习器筛选出了与隐患点地形地貌、环境条件等各方面最相似的滑坡点，两者结合使得最终推荐出的参考滑坡点在地形地貌、前期降雨等方面都与缓坡隐患点高度相似，从而保证了参考点有较高的参考价值。

7.3.2　推荐系统在 SPARK 上的并行化设计

本书中的初级推荐系统采用 DTW 算法进行降雨序列搜索，次级推荐系统使用 K-means 算法进行聚类。推荐过程的耗时主要来源于初级推荐环节，因为初级推荐环节需要基于上万条降雨序列进行搜索，而次级推荐环节仅需要对数百条候选集进行聚类。除此之外，DTW 算法的效率较低，进一步导致了初级推荐环节等待时间过长。为了解决该问题，基于 SPARK 平台对降雨序列搜索环节进行了并行化设计与实现。算法并行化的好处是可以按需获取资源，对整个集群的计算资源达到最大化利用，其实现过程一般包括数据并行化与任务并行化两个任务。

7.3.2.1　数据并行化

数据并行化包括分区与合并两个环节，其作用分别如下：数据分区将训练数据集切分为多个训练子集，小的分片数据因为数据量较小，可以在集群的节点上得到快速的处理；数据合并是将各个节点上的运算结果汇总到一起，而后基于一定的策略获得最终结果。SPARK 中数据并行化需要将数据存储到分布式文件系统 HDFS，HDFS 基于 Master-Slaver 架构实现，其整体结构如图 7-8 所示。HDFS 包括一个 Name Node 和多个 Data Node，其中 Name Node 提供元数据服务，Data Node 提供数据存储块，两者结合使得 HDFS 能够实现文件的新建、删除、移动等操作。HDFS 中默认的文件存储单元为 64M，当用户的数据超过 64M 时将切分为多个数据块存储在各个节点。

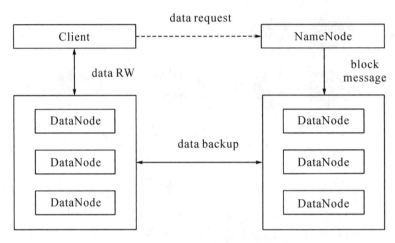

图 7-8　数据并行化架构

7.3.2.2　任务并行化

任务并行化是指将整个任务划分为多个子任务，而后将各个子任务分别布置在各个节点进行运算。SPARK 中任务的并行化流程如图 7-9 所示，其整个过程分为以下几个部分：首先，SPARK 解析程序，根据 RDD 之间的依赖关系构建 DAG 图，DAG 图即表示了整个管道的运行流程；其次，Spark Context 将 DAG 图传送给 DAG Scheduler，DAG Scheduler 根据 DAG 图中的宽依赖与窄依赖关系将整个任务分为多个阶段；再次，将分解后的任务传送给 Task Scheduler，Task Scheduler 根据各节点的空闲状况将任务分发给各个工作节点；最后，各个工作节点启动进程完成分配的子任务。

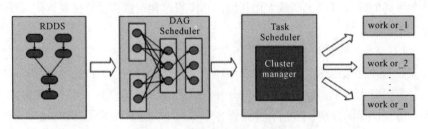

图 7-9　任务并行化实现流程

基于数据并行与算法并行的思路设计实现降雨序列的并行化搜索，其实现流程分为两个环节：一是将历史滑坡数据集中的所有滑坡降雨序列进行切分，并分发到SPARK集群中的计算节点上，在各个计算节点上分别计算与滑坡隐患点降雨序列的DTW相似度。二是将各个节点计算所得的DTW相似度结果进行汇总并排序，提取与滑坡隐患点前期降雨最相似的N个历史滑坡点作为滑坡候选集。并行化降雨序列搜索算法的示意图如图7-10所示，其实现流程如下：

（1）将历史滑坡的降雨序列数据分片成多份，分别存储到HDFS文件系统的各个节点中。

（2）SPARK集群中的各个工作节点从HDFS文件系统中读取数据。

（3）在分布式环境下的各个节点中，并行计算历史滑坡降雨序列与隐患点降雨序列的DTW相似度。

（4）汇总各个工作节点的相似度信息，根据相似度大小进行排序，DTW距离越小表示该降雨序列与研究序列越相似。

（5）在排序完成的序列中取出与滑坡隐患点降雨序列最相似的N个降雨序列，根据序列ID获取滑坡点作为本次的推荐结果。

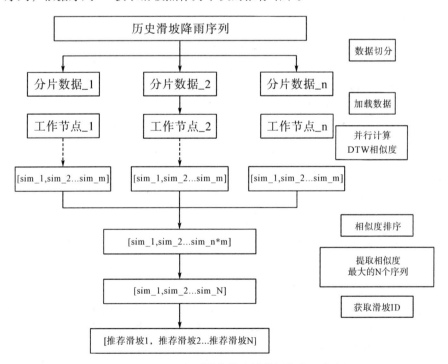

图7-10 降雨序列搜索算法的并行化实现方案

7.3.3 推荐系统在 SPARK 上的并行化实现

7.3.3.1 数据并行化在 SPARK 上的实现

SPARK 中数据的并行主要包括数据分区与数据加载两个环节,本书中的数据分区基于 mapPartitions ( ) 函数实现,数据加载基于 textFile ( ) 函数实现。mapPartitions 函数的具体代码如下所示,其中 f 为 mapPartitions 函数的映射函数,preservesPartitioning 参数指示输入函数是否保留分区。mapPartitions 函数的映射函数的参数为 RDD 中的每一个分区迭代器,所以其更加适合批量处理数据。比如在批量写入数据时,如果使用 map 函数,那么创建的 connection 数目等于所有元素的总数,导致了非常大的开销,但是此时若使用 mapPartitions 函数,那么只需要针对每一个分区建立一个 connection 即可。

```
def mapPartitions[ U: ClassTag](f: Iterator[ T] =>
Iterator[ U] , preservesPartitioning: Boolean = false): RDD[ U] = withScope {
    val cleanedF = sc.clean(f)
    new MapPartitionsRDD( this, ( context: TaskContext, index: Int, iter: Iterator[ T] ) => cleanedF( iter) , preservesPartitioning)
}
```

textFile 函数既可以用于从本地读入数据,也可以从 HDFS 分布式文件系统读入数据,其具体代码如下所示。其中参数 path 是一个 url,这个 url 既可以是 HDFS 的路径、本地文件的路径,也可以是其他 Hadoop 支持的文件系统;minPartitions 参数表示分区数目,当不指定分区数且计算机核数大于 2 时,默认分区数便是 2。

```
def textFile ( path: String, minPartitions: Int = defaultMinPartitions): RDD
[ String] = withScope {
    assertNotStopped( )
    hadoopFile ( path, classOf[ TextInputFormat] , classOf[ LongWritable] ,
classOf[ Text] , minPartitions).map( pair => pair._2. toString). setName ( path)
}
```

7.3.3.2 任务并行化在 SPARK 上的实现

本书中任务的并行化主要是降雨序列相似度计算的并行化实现,在 SPARK 环境中基于 map 函数实现,实现代码主体如下所示。第一行中 seq_q 为测试数据中的一条降雨序列,第二行中 trainSeq 为历史滑坡的降雨序列数据。取出历史滑坡降雨序列中的每一条序列 seq_c 与测试降雨序列 seq_q 基于

DTW 计算相似度，seq_c. features 为序列中的数值，seq_c. label 为降雨序列对应滑坡的 ID。所有序列的相似度计算完成之后便获得一个相似度数组，数组中的每个元素为（similarity，ID）的格式。

```
def seq_search(self, seq_q):
    sim_rdd = self.trainSeq.map(
        lambda seq_c:
        (DTW_cal(seq_q.features, seq_c.features), seq_c.label))
    sim_arr = sim_rdd.collect()
```

……

为了验证降雨序列搜索过程在 SPARK 平台上的并行化效率，不断改变训练数据的数据量，统计程序在单机和集群上的运行时间，结果如图 7-11 所示。由图 7-11 可知，随着数据量的增加，序列搜索需要的时间越来越长，两者之间基本量呈线性关系。无论数据量如何增加，序列搜索在 SPARK 集群上的耗时都远低于在单机上的耗时，运行效率提升了 50%左右。本书中的集群只配置了三个工作节点便使得运行效率有如此大幅度的提升，说明 SPARK 集群的并行化能够很好地缩短推荐环节的耗时，且随着节点的增加并行效率将进一步提升。

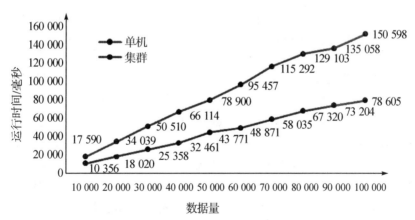

图 7-11　降雨序列搜索并行效率评估示意图

7.3.4　实例验证

为了验证基于推荐系统的临界阈值研究方法的有效性，本书选取了三个典型的滑坡案例，使用上文所设计的推荐系统为其分别推荐参考滑坡，而后基于参考滑坡的降雨信息拟合本滑坡的降雨临界阈值，拟合方法与上文所提出的方法一致，最后检验临界阈值的有效性。

7.3.4.1 旺苍县罗家磅滑坡

罗家磅滑坡位于广元市旺苍县金溪镇，基于推进系统为其一共推荐了 35 个滑坡参考点。罗家磅滑坡以及其参考点滑坡的详细信息如表 7-6 所示，其中 1 号滑坡为罗家磅滑坡，其他滑坡为参考点滑坡。

分析下表信息可知，推荐的参考滑坡广泛分布于广元市、巴中市等多个地区，参考点范围较大，更能找到合理的参考点。在所有推荐的参考滑坡中，巴中市的滑坡点数量最多，这说明巴中市境内的滑坡地质条件与降雨规律都与广元市比较一致，有较大参考价值。

表 7-6　罗家磅参考滑坡详细信息

序号	地址	东经经度/°	北纬纬度/°	前期雨量/毫米	临界雨量/毫米
1	广元市旺苍县金溪镇中坝村	106.674 1	32.275 3	107.61	15.18
2	广元市旺苍县五权镇五郎庙社区	106.644 3	32.336 6	93.38	16.96
3	巴中市南江县东榆镇华光村	106.820 8	32.320 0	128.48	0.00
		……			
34	巴中市巴州区梓橦庙乡朝阳洞村	106.983 1	31.981 1	82.04	9.25
35	巴中市通江县诺江镇城南村	107.258 9	31.924 4	97.43	0.00
36	广元市旺苍县张华镇宋水村	106.202 5	32.146 9	103.50	0.95

基于推荐的参考滑坡点的前期雨量以及临界雨量信息，拟合罗家磅滑坡的降雨临界阈值，拟合结果如图 7-12 所示。由图 7-12 可知，罗家磅滑坡的警戒线为 $I = -1.215E_{1-8} + 104.49$，阈值线为 $I = -1.385\ 9E_{1-8} + 158.13$。将罗家磅滑坡投影到滑坡散点图中，可知其在警戒线之上，预警成功；将罗家磅滑坡发生前 8 天的有效降雨量 $E_{1-8} = 107.61$ 代入阈值线可以得到其滑坡发生时实际降雨量大约为 9 毫米，与罗家磅滑坡发生时的当日实际降雨量 15 毫米进行对比可知两者非常接近，说明阈值线拟合效果不错。罗家磅滑坡也是 7.2.1 节中的 2 号测试滑坡点，与基于区域划分的的临界阈值方法对比可知，基于推荐系统的方法误差更小一些。

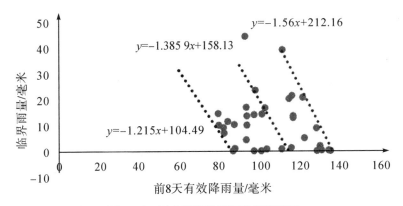

图 7-12 罗家磅滑坡降雨临界阈值图

7.3.4.2 邻水县牛四坨滑坡

牛四坨滑坡位于广安市邻水县合流镇玉河村,基于推进系统为其一共推荐了 21 个滑坡参考点。牛四坨滑坡以及其参考点滑坡的详细信息如表 7-7 所示,其中 1 号滑坡为牛四坨滑坡,其他滑坡为参考点滑坡。

分析下表信息可知,为牛四坨滑坡推荐的参考滑坡分布范围较广,主要分布于四川省东部区域,具体包括广安、泸州、达州、南充等地。在所有地区中,广安市的参考滑坡分布更加密集,由此可见广安市的滑坡有独特的地理与降雨分布特征。

表 7-7　牛四坨滑坡参考滑坡详细信息

序号	地址	东经经度/°	北纬纬度/°	前期降雨/毫米	当日降雨/毫米
1	广安市邻水县合流镇玉河村	106.852 8	30.225 8	86.88	78.07
2	泸州市纳溪区丰乐镇五里村	105.457 1	28.653 9	82.06	26.08
3	广安市邻水县城南镇安丰村	106.961 1	30.315	83.82	65.63
		......			
20	绵阳市安县睢水镇光明村	104.239 8	31.472 9	90.77	93.36
21	广安市邻水县九龙镇观音村	106.949 4	30.148 1	66.43	79.15
22	华蓥市庆华镇三河村	106.658 6	30.232 2	66.52	50.70

基于参考滑坡的降雨信息,拟合得到牛四坨滑坡的降雨临界阈值如图 7-13所示。由图 7-13 可知,牛四坨滑坡的警戒线为 $I = -4.234\,5E_{1-8} + 332.36$,阈值线为 $I = -5.376\,2E_{1-8} + 533.85$。将牛四坨滑坡投影到滑坡降雨临界阈值图上,可知其在警戒线之上,说明预警成功;将牛四坨滑坡发生前 8 天的有效降

雨量 E_{1-8} = 86.88 代入阈值线可以得到其滑坡发生时实际降雨量大约为 67 毫米，与牛四坨滑坡发生时的当日实际降雨量 78 毫米进行对比可知两者误差为 11 毫米。牛四坨滑坡也是 6.2.2 节中的 6 号测试滑坡点，在基于区域划分的研究方法中其阈值误差为 40 毫米。对比可知，基于推荐系统的方案误差远小于基于区域划分的方案。

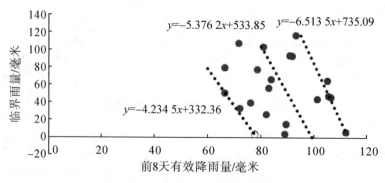

图 7-13　牛四坨滑坡降雨临界阈值图

7.3.4.3　会东县老街村滑坡

老街村滑坡位于凉山州会东县会东镇，基于推进系统为其一共推荐了 27 个滑坡参考点。

老街村滑坡以及其参考点滑坡的详细信息如表 7-8 所示，其中 1 号滑坡为老街村滑坡，其他滑坡为参考点滑坡。分析下表信息可知，为老街村滑坡推荐的参考滑坡分布于四川省多个地区，在攀枝花市、凉山州、德阳市以及宜宾市等多个地区均有分布。除此之外，推荐的参考滑坡分布比较均匀，并不集中于某个地区，由此可以说明老街村滑坡比较有代表性，在四川省境内有许多同类型的滑坡存在。

表 7-8　老街村滑坡参考滑坡详细信息

序号	地址	东经经度/°	北纬纬度/°	前期降雨/毫米	当日降雨/毫米
1	凉山州会东县会东镇老街村	102.576 4	26.792 8	41.31	36.50
2	广元市旺苍县天星乡板桥村	106.261 5	32.513 2	34.50	44.71
3	凉山州越西县保石乡洛度村	102.746 6	28.401 1	36.89	5.79
		………			
26	巴中市通江县诺水河镇小骡马村	107.296 4	32.400 6	45.59	37.57
27	凉山州布拖县拉达乡海博村	102.421 7	27.787 8	55.03	0.02
28	广元市旺苍县大两乡新华村	103.935 8	28.685 8	44.72	15.99

基于参考滑坡的信息拟合得到老街村滑坡的降雨临界阈值如图7-14所示。由图7-14可知，老街村滑坡的警戒线为 $I = -1.94E_{1-8} + 71.94$，阈值线为 $I = -1.983E_{1-8} + 113.39$。将老街村滑坡投影到滑坡降雨临界阈值图上，可知其在警戒线之上，说明预警成功；将老街村滑坡发生前8天的有效降雨量 $E_{1-8} = 41.31$ 代入阈值线可以得到其滑坡发生时实际降雨量大约为31毫米，与老街村滑坡发生时的当日实际降雨量36毫米进行对比可知两者误差很小。老街村滑坡也是7.2.3节中的5号测试滑坡点，对比可知基于推荐系统的阈值估测方法完全不逊于基于区域划分的方法。

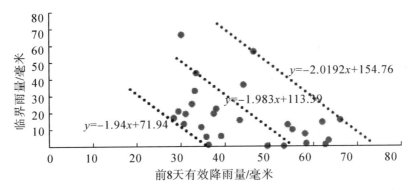

图7-14 老街村滑坡降雨临界阈值图

7.3.5 方案总结

分析以上几个实例，不难发现基于推荐系统的滑坡降雨临界阈值拟合方法性能优于基于区域划分的方法。基于推荐系统的方案之所以性能更优，主要有以下几个原因：

（1）推荐系统推荐的滑坡参考点与滑坡隐患点在地形地貌、地质环境、前期降雨等方面的相似度更高，这使得参考滑坡的参考价值更高。

（2）基于推荐系统的方法搜索的数据空间是整个四川省的历史滑坡，这种方法更能找到合适的滑坡参考点，且随着历史滑坡数据库的扩充，模型性能将更优。

（3）基于推荐系统的方案考虑了各个滑坡实际的地形地貌、环境条件等因素，而不是粗糙地将同一地区的滑坡视为一样的地形地质条件，这与实际情况更加符合。

总而言之，基于推荐系统的滑坡降雨临界阈值研究方案更加精细化，所以性能更优。除此之外，因为是基于推荐系统的原因，该方案的研究成果不局限于某一个特定的地区，可以很方便地扩展到其他地区，只要录入研究区域的历史滑坡信息即可。

7.4 方案对比

为了全面地评估基于推荐系统的临界阈值研究方案与传统的基于区域划分的方案的性能，本节选取了旺苍、邻水、会东三县所有的测试样本用于评估两者的阈值估测准确性。评估样本共计 28 个，基于两个方案分别预测每个滑坡点的降雨临界阈值，使用预测阈值与滑坡发生时临界雨量之差来表示阈值预测的误差。阈值预测准确性的评估结果如表 7-9 所示，根据滑坡发生时的临界雨量以及预测临界降雨阈值分别绘制两个方案的临界阈值准确性评估图，绘制结果如图 7-15、图 7-16 所示。

表 7-9　研究方案阈值预测准确性对比结果

序号	滑坡	前期雨量/毫米	临界雨量/毫米	基于区域划分		基于推荐系统	
				预测阈值	阈值误差	预测阈值	阈值误差
1	旺苍县五权镇闻家营滑坡	70.98	24.61	0.00	24.61	16.09	8.52
2	旺苍县金溪镇罗家磅滑坡	107.61	15.18	0.00	15.18	8.99	6.19
3	旺苍县英萃镇向家梁滑坡	26.81	5.35	38.05	32.70	11.93	6.58
4	旺苍县农建乡大田河滑坡	25.06	1.31	39.66	38.36	15.53	14.22
5	旺苍县木门镇木门小学滑坡	64.19	20.05	3.52	16.53	15.25	4.80
6	旺苍县国华镇五社梁滑坡	84.35	23.28	0.00	23.28	12.86	10.42
7	旺苍县东河镇凤家碥滑坡	44.92	48.42	21.31	27.11	43.13	5.29
8	邻水县王家镇大坡湾滑坡	61.88	94.10	102.12	8.02	101.2	7.14
9	旺苍县嘉川镇桐子树湾滑坡	6.87	35.15	56.45	21.31	40.29	5.14
10	会东县会东镇老街村滑坡	41.31	36.50	45.68	9.18	31.47	5.02
11	旺苍县大两乡凤洞岩滑坡	71.29	20.62	0.00	20.62	31.96	11.34
12	旺苍县黄洋镇杨家院子滑坡	79.59	14.70	0.00	14.70	10.11	4.59
13	旺苍县普济镇白树垭滑坡	73.96	32.85	0.00	32.85	39.68	6.83
14	旺苍县嘉川镇三清庙滑坡	69.73	17.65	0.00	17.65	7.95	9.70
15	邻水县冷家乡梨树湾滑坡	38.02	56.44	163.29	106.8	45.09	11.35
16	邻水县合流镇倒角塘滑坡	93.56	0.09	20.88	20.79	8.52	8.43

表7-9（续）

序号	滑坡	前期雨量/毫米	临界雨量/毫米	基于区域划分		基于推荐系统	
				预测阈值	阈值误差	预测阈值	阈值误差
17	邻水县华蓥乡漕沟滑坡	84.11	0.17	45.10	44.93	11.95	11.78
18	邻水县牟家镇一号桥滑坡	138.56	0.69	0.00	0.69	0.00	0.69
19	旺苍县普济镇刘家坪滑坡	36.73	10.58	28.88	18.31	18.86	8.28
20	邻水县合流镇牛四坨滑坡	86.88	78.07	38.01	40.07	67.39	10.68
21	邻水县丰禾镇石骨子滑坡	177.16	0.00	0.00	0.00	6.15	6.15
22	会东县姜州镇孙家湾滑坡	123.16	22.97	0.00	22.97	0.00	22.97
23	会东县文箐乡火山村滑坡	45.47	16.49	40.47	23.98	22.50	6.10
24	会东县堵格镇大树子滑坡	24.22	20.61	67.12	46.51	32.79	12.18
25	旺苍县正源乡柿子坪滑坡	52.44	2.20	14.37	12.17	7.00	4.80
26	会东县长新乡小学滑坡	81.44	18.59	0.00	18.59	29.43	10.83
27	会东县堵格乡堵格村滑坡	64.51	45.35	16.60	28.74	38.50	6.80
28	会东县新云乡大坪地滑坡	61.52	0.00	20.34	20.34	10.50	10.50

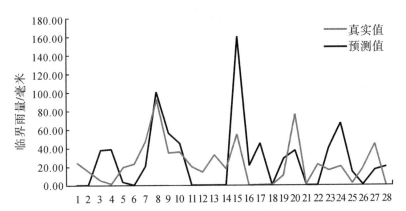

图7-15 基于区域划分方案的阈值估测准确性评估结果

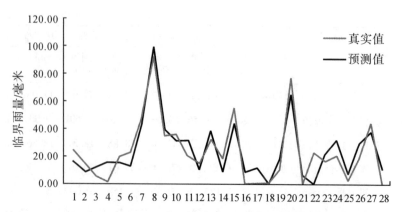

图 7-16　基于推荐系统方案的阈值估测准确性评估结果

　　由图中信息可知，基于推荐系统的方案预测的临界阈值与滑坡发生时的临界降雨整体趋势基本一致，对不同等级的临界雨量都有较好的预测效果，而基于区域划分的方案则没有此特性。根据表中信息可知，基于推荐系统的方案预测的临界阈值与滑坡发生时的临界降雨相差不大，误差在 10 毫米左右。而基于区域划分的方法预测的滑坡降雨临界阈值在某些滑坡点上误差较大，达到了 40 毫米以上。基于区域划分的方法在测试集中的阈值的总误差为 707，而基于推荐系统的阈值总误差仅为 237，两者差距较大。由此可以表明，基于推荐系统的滑坡降雨临界阈值研究方法准确度更高，其拟合的临界阈值具有更高的参考价值。

8 四川省滑坡地质灾害检测预警系统

近年来，各种地理信息系统对数据处理的业务需求不断增加，这对系统的数据量和处理速度都提出了新的要求。随着地理信息系统的不断发展，传统GIS已经越来越难满足今时今日的需要。伴随着互联网技术的高速发展，WebGIS应运而生。WebGIS指的是万维网地理信息系统，是传统GIS加上互联网技术的产物。与传统GIS相比，它的显著特点是可以实现属性数据和空间数据的相互连接，同时大大提高了系统处理的速度。它可以支持不同的系统架构和网络环境，具有量级轻、速度快的特点。

8.1 系统相关技术介绍

8.1.1 软件开发技术

8.1.1.1 B/S架构模式

现在主流的架构模式分为B/S架构和C/S架构两种。两种模式各有特点。C/S架构模式主要应用于分布式系统中，具有保密性高和硬件交互性强的优点，同时也存在用户群相对单一，系统维护开销大的不足。与之相比，B/S系统架构模式具有量级轻、速度快、用户群广、开发维护成本低等优点，更适合四川省滑坡地质灾害监测预警系统的开发。

B/S架构，即browser/server架构模式，如图8-1所示，是对C/S架构模式进行改进的一种新的架构模式。

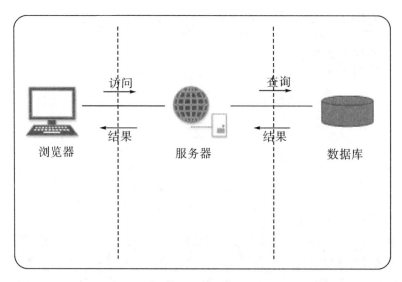

图 8-1　B/S 系统架构图

在这种结构下，用户工作界面主要集中在浏览器，降低了操作难度和系统量级。在浏览器上，有更加多样的交流方式，也丰富了用户的操作集。建立在浏览器上，使用轻量级服务器，使开发的难度降低，也减少了开发成本。B/S架构与操作系统的平台关系比较小，可以面向更分散的用户群，也使得可移植性增加。因为其相对独立的功能和较好的移植性，使得系统的重用性增加，所以系统的适用范围更广。B/S 架构是随着互联网技术的发展而逐渐形成的一种新型网络架构模式，用户应用界面主要集中在浏览器，通过前端技术实现；其核心部分的事务流程主要集中在服务器，通过安装数据库软件，应用网络后端技术实现。这样使得系统搭建的工作量大大减少，同时也降低了维护的难度，从而在总体上降低了架构实现和维护的总体成本。

C/S 架构的客户端主要是指需要安装的客户端软件，用户的操作界面主要集中在客户端软件的界面上。C/S 架构属于典型的双层架构模式。C/S 架构负责数据处理的服务器端主要使用的是大规模的数据库系统，通常安装在工作站等超级电脑上。用户通过客户端界面上的操作，将服务请求发送给服务器端。服务器端进行数据处理，处理完成后，将数据结果进行整理，并将整理之后的结果返回给客户端。客户端界面提出数据请求后，在客户端进行简单的计算和逻辑操作，得出结果。结果直接在客户端显示，不经过服务器端数据库。这样使得客户端的运行速度明显加快，从而提升了系统的整体性能。但是这样的工作模式，使得它的拓展性非常差，安装部署和维护的成本升高，兼容性也相对较差。C/S 架构主要适用的是分布式系统，只能在客户端进行数据请求和处理，不能适用于浏览器和移动端接口，这样使得 C/S 架构的拓展性较差。C/S 架构在使用之前需要安装特定软件，因为每一台电脑的具体设置不同，所以安装的具体步骤和操作方法也有一定的差异，这些问题进一步导致了 BUG 量的增加，使得 C/S 架构的安装部署和维护成本升高。而且，由于不同主机的操作系统各有不同，客户端软件不一定能在所有主机的操作系统上完美运行，这使得 C/S 架构的兼容性较差。

与之相比，部署在广域网上的 B/S 架构就不存在这些问题。因为部署在广域网上，所以对系统硬件的要求比较低。B/S 架构的客户端主要是使用网页浏览器，数据处理涉及的数据库系统量级也比较小，加上其系统适用性高，使得 B/S 架构的安装部署和维护成本低，拓展性也很好。因为不涉及客户端软件的安装，对主机操作系统的要求也较低，所以使得 B/S 架构的兼容性很高。越来越多的跨平台应用系统都在采用 B/S 架构模式。

B/S 架构主要分为客户端、服务器端和数据端。

客户端即前端浏览器，如谷歌浏览器、火狐（firefox）等。用户通过在客户端，即浏览器上进行操作，把请求通过接口发送给服务器端。等数据端处理完毕后，得出结果，发送给服务器，而服务器和浏览器之间存在数据传输端口，服务器通过接口将结果返回给客户端，最后显示在前端页面上。

服务器端位于客户端和数据端中间。先接收来自客户端的请求，将指令进行翻译，再传递给数据端。数据端处理完毕之后，将数据结果传递给服务器，数据在服务器端进行整合之后，将数据结果表单传递给客户端，最后显示在前端页面。

数据端位于 B/S 架构的最底层，主要提供数据处理服务。数据端接收来自服务器端的请求指令，在底层完成逻辑运算，得出数据结果。数据端将数据结果发回给服务器端，服务器端再将结果表单进行整合，传递给客户端浏览器。

8.1.1.2　JSP

JSP 全称 JavaServer Pages，最初是因为 servlet 展示信息不方便，所以在 HTML 的页面中嵌入 Java 代码，从而实现对服务器的访问和动态页面的展示。

JSP 主要由 request、response、session、application、out、page、config、exception、pageContext 九部分组成，各部分功能如表 8-1 所示。

表 8-1　JSP 组成

组成	功能
request	代表客户端请求信息，从客户端向服务器端发送数据，包含表头信息、请求内容和参数信息等
response	代表服务器端响应信息，从服务器端将处理后的数据结果返回到客户端，包括数据详细信息和参数信息等
session	代表一次会话，从客户端开始向服务器端发送请求信息开始，到客户端离开页面，结束会话为止
application	服务器启动对象，当服务器开始启动时产生 application 对象，服务器关闭时，application 对象关闭
out	代表客户端输出信息，将数据处理结果在 web 页面上进行输出，输出完毕后，清理数据缓冲区，为下次数据存储和输出做准备
page	代表 JSP 页面，page 对象只有在 JSP 页面内
config	代表服务器端配置信息，当 servlet 初始化时，产生 config 对象，并传递给 servlet，可以提供初始化参数
exception	代表程序异常，也代表页面中的错误信息，当页面出现异常和错误时，产生 expection 对象
pageContext	代表在容器中创建的数据参数信息，可以通过 pageContext 获取以上数据对象

　　JSP 采用的工作原理是请求/应答模式。客户端先发出 http 请求，JSP 收到请求后进行处理，再返回处理结果。在接收到客户端发出的请求后，Web 容器将 JSP 转译为 servlet 源代码，然后将源代码进行编译，加载编译后的代码执行，最后把执行结果发回给客户端。JSP 的工作流程如图 8-2 所示。

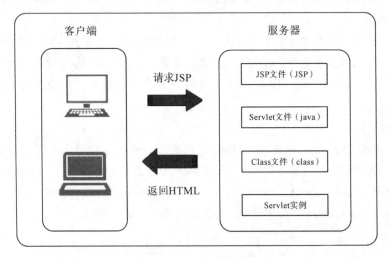

图 8-2　JSP 的工作流程

滑坡地质灾害风险性评价与治理措施

JSP 是基于 java 进行开发的，所以他有用很多 java 的特性，比如业务代码分离，跨平台等。JSP 主要具有多重特性，主要包括预编译、组件重用，继承了 java servlet 的功能、业务代码分离和跨平台等。JSP 的这些特性，使得它在灵活轻便的同时，又十分高效，容错率相对较高，业务能力十分强大。

JSP 拥有一个标准标签库，根据各部分不同的功能，可以划分为五类标签库。分别为：核心标签、格式化标签、SQL 标签、XML 标签、JSTL 标签。核心标签主要包括数据处理和核心地址传递等标签；格式化标签主要用来对各种文本信息进行格式化；SQL 标签主要包括对数据库相关应用的标签；XML 标签主要包括 XML 文档相关的标签；JSTL 主要包括字符串处理相关标签。

JSP 相对于其他语言，可移植性更高，只需要进行一次编译，就可以在任何机器上运行，几乎不用做出修改。很好的兼容性和可移植性，使得 JSP 应用平台可以在任何系统上进行开发部署，使得 JSP 应用平台的可拓展性增加。JSP 受服务器量级的影响较小，多台服务器或者单个服务器都可以进行应用平台的部署。JSP 相对于其他语言，开发难度较低。JSP 语言强大的适用性，使得 JSP 开发工具多种多样，且功能强大。JSP 语言还支持多样化的服务器组件。当然，相较于其他语言，JSP 语言在开发和使用过程中还存在着一些不足之处，因为 JSP 语言强大的平台适应性，所以在开发过程中，要考虑到各个平台的使用标准，这使得产品开发的复杂性增加。

8.1.1.3 JavaScript

JavaScript 是一种具有函数优先的轻量级、解释性或即时编译型的编程语言。它主要由 ECMAScript、DOM 和 BOM 三部分组成。其中 ECMAScript 规定了语言的组成部分，具体包括语法、类型、语言、关键字、保留字、操作符、对象等。

文档对象模型 DOM 是针对 XML 但经过扩展用于 HTML 的应用程序编程接口（API）。DOM 本身是一个单体结构，但是它具有端对端的映射功能。在使用过程中，前端页面作为一个承载体，承载多个映射端口。DOM 与这些映射端口互相映射，形成了一个相互交叉的多层次结构。这些相互映射的节点，可以用来进行数据存储。节点属性的不同，它们可以存储的数据类型也各不相同。所有这些存储的不同类型数据的节点，共同作用，形成了不同类型的数据页面，如 HTML、XML 等。BOM 浏览器对象模型主要处理浏览器和框架。其主要功能包括弹出新浏览器窗口、提供浏览器所加载页面的详细信息的对象、支持 cookies 等。

JavaScript 是一种脚本语言，即 JavaScript 的代码不经过编译直接运行。这使得 JavaScript 程序的运行速度提高，且适用性更广。JavaScript 支持在多种平台系统下运行，计算机系统如 windows、linux 等，移动系统如 IOS、Android 等。JavaScript 支持绝大多数浏览器，主要是在 HTML 页面中运行，可以向页面添加交互行为。JavaScript 还可以编写成独立的 JS 文件，这样有利于 JavaScript 代码的移植，使得开发难度大大降低，开发效率大大提高，同时也提升了 JavaScript 的兼容性和可移植性。JavaScript 和 java 一样，是一种基于对象的语言，可以创建、使用对象。JavaScript 语言的总体难度相对较低，简单易学，这也使得近年来 JavaScript 的使用范围大大增加。

8.1.1.4　ArcGIS API for JavaScript

ArcGIS API for JavaScript 是 ESRI 根据 JavaScript 技术实现的调用 ArcGIS Server REST API 接口的一组脚本。空间数据服务通过 Arc Map 客户端处理和发布，主要存储在 Arc Server 中。前端页面通过 http 访问的形式可以访问地图服务，并在前端页面进行数据浏览和数据操作。用户在前端页面对空间数据做出的操作，也可以通过数据传输的形式，保存在 Arc Server 上。这一系列的访问过程都要使用到 ArcGIS API for JavaScript 脚本。

ArcGIS API for JavaScript 功能强大，适用范围十分广泛。通过 ArcGIS API for JavaScript 提供的丰富接口可以进行多样化的地图操作。

ArcGIS API for JavaScript 包含多种使用框架，使得系统开发、维护和代码管理等工作的效率大大提升。

ArcGIS API for JavaScript 是基于 Dojo 框架的，使用了大量的 Dojo 技术。Dojo 是一个高性能的框架结构。它在美化界面的同时，也大大提升了系统的性能。Dojo 的应用十分广泛，主要作用包括提升 Web 程序适应性、提供强大编程环境、提供单元测试工具、降低系统耦合、建立用户互动界面等。

Dojo 与我们常使用的 Jquery 都是封装好的 JavaScript 库，不同点在于二者的框架量级不同。Jquery 因其灵活高效的特点，封装性好、移植性好，同时也使得 Jquery 的框架量级轻。Jquery 适用于简单工程页面的开发。与之不同的是，Dojo 框架的组成部分相对较多，且每部分内容都很丰富。Dojo、Dijit 和 Dojox 共同组成了 Dojo 的主题框架，这三部分都具有较强的功能性。这也使得 Dojo 框架在功能强大的同时，框架量级相对较重。因此 Dojo 更适用于大型网页工程的开发。而 jQuery 属于轻量级框架，本身仅包含框架核心。简单来说 Dojo 更像一个类库，不同功能封装到不同模块形成一个独立的 JS 文件，如果使用该功能再进行引入。

8.1.2 地质灾害监测预警模型介绍

随着气象监测技术的不断发展和现在计算机技术的加持，地质灾害监测预警技术也在日新月异地发展着。现在已经有使用次数很多，技术相对成熟的监测预警模型。如图8-3所示，现代地质灾害监测预警技术研究中常用的模型为以下四种。

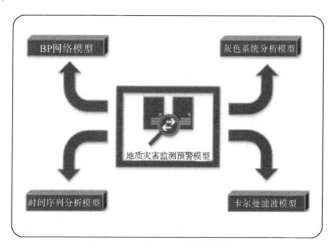

图8-3　地质灾害监测预警模型

BP网络模型中的BP指的是Back Propagation，是目前应用最为广泛的数据模型之一。BP网络模型的优点是具有很强的容错能力和自适应能力，缺点是训练速度相对较慢，而且对网络结构的选择没有准确的依据，这些都导致了BP网络模型的效率低下。灰色系统分析模型区别于白色系统分析模型和黑色系统分析模型，指的是利用少量已知信息，建立分析模型，对事物发展规律进行预测。灰色系统分析模型的优点是需要的样本量小，相应的系统工作量也比较小。缺点是对各个因素之间的关联度分析能力较弱，对历史数据的依赖相对较强，导致预测准确率相对较低。卡尔曼滤波模型是利用当前监测数值、历史监测数值和误差数据之间的线性关系，计算出三者之间关系的线性方程，然后对下一时刻监测值进行预测。在整个系统工作流程中，误差数据始终存在。时间序列分析模型指的是通过对连续时间内的历史数据进行分析，得出数据的规律，并利用此规律，对未来数据进行预测。时间序列分析模型的关键是研究时间序列的变化规律。

8.1.3 软件系统测试方法

为了确保软件在开发完成之后，能够达到预期的需求设计标准，在软件正式投入生产活动之前，需要进行一系列的软件测试。软件测试是软件开发过程中不可缺少的环节。软件测试是通过实际应用对软件功能和使用性能各方面进行评估的过程。软件测试可以通过人工操作和自动检测的方式进行。

自软件开发工作开始起，软件测试这个概念便应运而生。随着软件系统功能的不断增加和用户人群的不断增加，软件系统的代码量也越来越多，需要进行的软件测试工作也越来越繁重。随着软件测试技术的不断发展，软件测试方法也在日新月异地更迭。

软件测试方法多种多样，依据不同的标准，可以将软件测试方法进行不同程度上的分类。

黑盒测试方法是如今系统功能测试常用的方法。黑盒，顾名思义，就是指软件测试人员在进行系统功能测试时，不了解软件的内部架构，主要通过软件表现出来的功能结构，来进行测试方案的设计。

白盒测试方法主要适用于了解系统内部架构的测试人员。在当今的很多软件开发过程中，测试人员需要全程跟进开发进程。在软件功能结构尚未完全构建完成时，测试人员先要针对功能模块设计测试用例，进行分模块的测试，待软件开发过程结束后，再针对软件系统整体功能和内部结构进行整体测试。这样的测试方法增加了测试人员的工作量和开发预算，但同时也使得系统的稳固性有了更大的提升。

随着软件功能测试的不断规范化，软件测试的流程也逐渐形成了统一的标准。软件测试流程如图 8-4 所示。

图 8-4　软件测试流程

8.2　地质灾害监测预警系统需求分析

8.2.1　系统概述

8.2.1.1　系统设计的目标和主要任务

四川省位于我国西南地区内陆，拥有复杂多样的地形，不同地区的地貌也有较大差异。山地丘陵广布，地质灾害频发，其中尤以滑坡灾害发生次数最多，造成的直接经济损失相当严重。本书的主要目标是建立一个基于 WebGIS 的四川省滑坡地质灾害监测预警系统，提高四川省在滑坡灾害预警方面的服务能力，更好地保证人民群众生命财产安全。

本系统主要任务：

（1）建立历史数据和监测数据数据库。

（2）为用户设置不同权限，保证预警发布的权威性。

（3）利用 WebGIS 技术，在前端页面实现各类数据的查询、管理等操作。

（4）建立四川省滑坡地质灾害监测预警系统，通过 WebGIS 等手段实现预警信息的发布、管理和查询等操作。

8.2.1.2　系统工作流程

四川省滑坡地质灾害监测预警系统是以 WebGIS 为基础，实现四川省范围内滑坡灾害的预警以及监测数据和灾害数据的管理分析。该系统主要采用 B/S 架构，在前端采用 JSP 网页。系统的总体工作流程如图 8-5 所示。

根据四川省地形地貌以及历史灾害发生情况、历史降雨量数据等信息，定位滑坡灾害易发区和频发区，并将其作为监测点。

根据历史灾害数据和历史降雨量数据，计算出某一时间段内，每一个监测点的临界降雨量，作为预警阈值。

将收集到的监测数据采用 websocket 的形式进行前端页面可视化，并将属性数据和空间数据分别进行图表统计和地图展示。

利用统计之后的监测数据和阈值数据，进行灾害点变化趋势分析、预警分析等数据分析，并根据结果决定是否发布预警信息。

将相关数据和操作记录录入数据库，以备日后查询等操作。

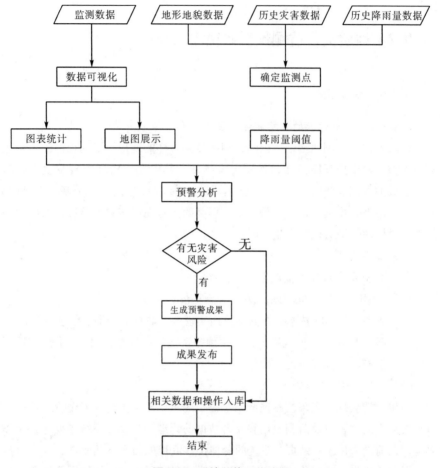

图 8-5　系统总体工作流程

8.2.2　系统功能需求和用例分析

　　根据四川省滑坡地质灾害监测预警系统的特性，将监测预警系统划分为八个子系统：系统管理、用户管理、数据管理、数据分析、地图操作、预警管理、数据库管理、应急管理，每个子系统又分为多个功能模块。根据系统需求，绘制出系统总体用例图，如图 8-6 所示。

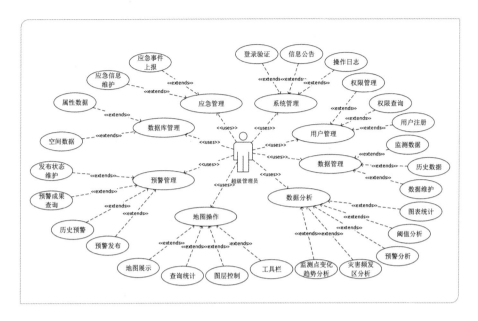

图 8-6　系统总体用例图

8.2.2.1　系统管理

系统管理主要分为登录验证、信息公告和操作日志三部分。系统管理功能模块 UML 用例图如图 8-7 所示。

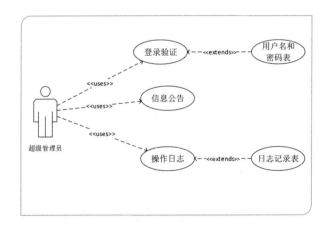

图 8-7　系统管理功能模块 UML 用例图

新用户注册成功后，用户名和密码会被存储到数据库表中，每一个用户名对应一个唯一的系统密码。在系统网站首页，用户输入用户名和密码，如果后台验证成功，会直接跳转至系统主界面。如果验证失败的话，会提示用户名或密码错误。信息公告是指当超级管理员做出系统全局的改动，比如发布预警信息等时，会在第一时间以公告的形式通知系统内每一位用户。操作日志用来跟踪用户对应用系统的各种数据操作和使用情况。

8.2.2.2　用户管理

用户管理主要由权限管理、权限查询和新用户注册三部分组成。用户管理UML用例图如图8-8所示。

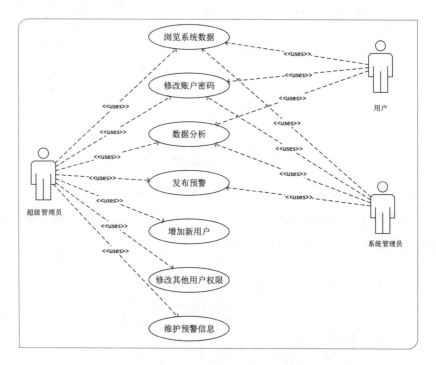

图8-8　用户管理 UML 用例图

鉴于预警信息发布的权威性和一致性，用户管理部分将用户权限分为三类：普通用户、系统管理员和超级管理员。普通用户可以浏览系统内数据，修改自己的登录密码，进行数据分析，对系统内所有与预警相关数据都没有修改的权限；系统管理员拥有普通用户的所有权限，还可以通过根据数据分析结果发布预警信息；超级管理员拥有系统管理员的所有权限，还可以微系统增加新用户、修改其他用户的权限、维护预警信息等。将用户权限分为不同等级，有利于系统内监测数据、历史数据和预警发布的管理。

8.2.2.3 数据管理

数据管理主要分为历史数据、监测数据和数据维护三部分。数据管理 UML 用例图如图 8-9 所示。

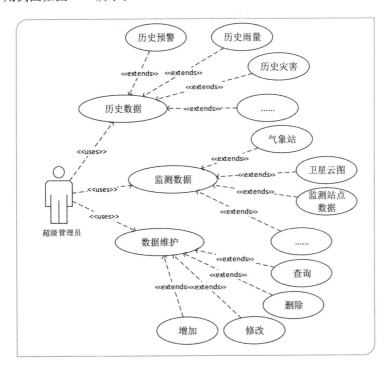

图 8-9 数据管理 UML 用例图

历史数据模块主要存放历史监测数据和历史成果数据，如历史降雨量、历史灾害发生情况、历史预警信息以及历史预警成果图等。监测数据模块主要存放监测降雨量数据以及监测站点数据。数据维护模块主要是对以上数据进行的操作，普通用户可以查询数据，系统管理员和超级管理员可以对历史数据和监测数据进行修改、删除和增加。操作日志表会记录所有权限用户的操作痕迹。预警成果等重要信息的操作会以信息公告的形式在系统发布。

8.2.2.4 数据分析

数据分析分为图表统计、灾害频发区分析、监测点变化趋势分析、阈值分析、预警分析五部分。数据分析 UML 用例图如图 8-10 所示。

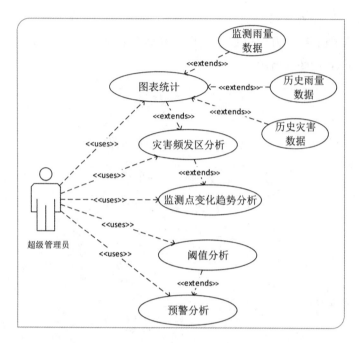

图 8-10　数据分析 UML 用例图

图表统计采用统计图、统计表等方式，将监测数据、历史数据系统地在前端页面呈现，为数据分析提供条件，支持自定义时间段、表头等。灾害频发区分析是指利用历史灾害数据和降雨量等数据信息，筛选出滑坡地质灾害频发的地区，将其作为监测点，监测点当地的监测站提供的降雨量数据作为该地区的降雨量数据，监测点地区历史降雨量均值作为当日历史降雨量数据。通过对监测点一段时间内的降雨量数据分析，得出监测点当地的降雨量数据等变化趋势。通过历史降雨量计算出当日有效降雨量；通过对灾害发生时间和当日有效降雨量的分析，得出当地监测点的灾害阈值。预警分析服务将当日监测到的降雨量数据与灾害临界雨量进行对比，当降雨量接近或超过预警阈值时，发布不同程度的预警信息。

8.2.2.5　地图服务

地图服务分为地图展示、工具栏、查询统计和图层控制四部分内容。地图服务用 UML 例图如图 8-11 所示。

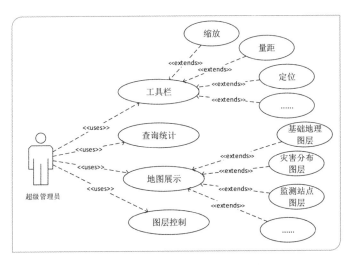

图 8-11 地图服务 UML 用例图

地图服务部分支持对地图的显示和操作。地图展示功能使发布在 Arc Server 上的地图服务通过 http 访问的形式在前端页面展示。基础地理图层包括四川省行政区划图层、地形图层等，灾害分布图层包括灾害点分布图层、监测点分布图层等。地图工具栏支持一系列地图的基本操作，如缩放、定位、量距、标注等。图层控制采用图层控制树的形式，通过在前端页面的勾选，选择显示的地图图层。查询统计功能支持查询灾害点详细信息、生成历史雨量统计表、导出地理成果图等。

8.2.2.6 预警管理

预警管理包括预警发布、预警成果查询、历史预警、预警发布状态维护四部分。预警管理 UML 用例图如图 8-12 所示。

随着现代科技的发展，信息发布渠道日益增多，比如电视广播、手机短信、Web 网站等。预警信息需要在系统内生成，发布预警前，管理员需要填写预警信息表，形成一条历史预警信息记录和预警成果图，历史预警记录详细记录了灾害点、雨量、发布人、发布时间等一系列必要的信息，用户可以在历史预警信息界面进行查询。历史预警成果图会以图表和文本的形式保存在系统数据库中，用户可以在历史预警成果图界面进行查询。发布状态维护主要是针对超级管理员的功能，管理员提交预警信息后，超级管理员会进行审核，对历史预警信息，超级管理员也可以撤销或进行修改。审核、撤销和修改的结果会以信息公告的形式发布在系统内。

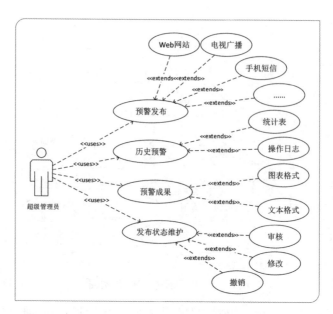

图 8-12 预警管理 UML 用例图

8.2.2.7 应急管理

应急管理主要分为应急事件上报和应急信息维护两部分。应急管理 UML 用例图如图 8-13 所示。

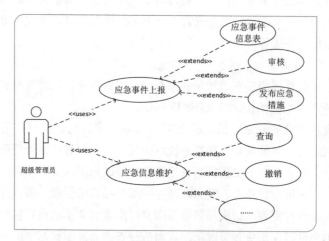

图 8-13 应急管理 UML 用例图

当系统数据丢失、监测点雨量激增或系统监测设备异常等系统突发情况发生时，用户可以通过应急事件上报功能进行报备，用户需要填写应急事件名称、具体情况和上报人等信息，系统操作日志也会记录上报时间和上报人等信息。当应急事件解决或上报情况有误时，超级管理员可以使用应急信息维护里的撤销和修改等功能对应急信息进行维护，用户可以通过应急信息查询功能，查询历史应急信息。

8.2.2.8　数据库管理

数据库管理分为属性数据库和空间数据库两种。数据库管理 UML 用例图如图 8-14 所示。

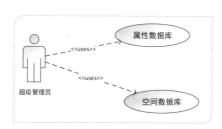

图 8-14　数据库管理 UML 用例图

由于滑坡地质灾害监测预警系统数据源的特殊性，需要属性数据和空间地理数据。其中属性数据存放在普通属性数据库中，本系统主要采用 MySql 数据库；空间地理数据主要存储在空间数据服务器中，本系统主要采用 Arc Server 数据库。

为了系统数据的正常高效访问，数据库在设计和使用时都应严格遵守相关标准，比如准确性、易用性、安全性、关联性、规律性、充足的存储空间、高效的使用性能等。

8.2.3　系统非功能性需求分析

为了使系统能够平稳流畅地运行，在满足所有功能需求的基础上，还需要满足一系列非功能性需求。

正确性：使用系统内功能时，必须能得出正确的分析结果。

安全性：在保证用户方便快捷登录的前提下，也要保证系统安全，防止 dos 攻击、sql 注入攻击等。

健壮性：可以承受大数据量的计算。

高可靠性：有异常检查和上报功能，保证服务的高可靠性。

可拓展性：系统可以分割成单一的服务，不会影响系统功能。

异步性：通过进一步传递消息，让数据分阶段处理，系统结构更清晰。

兼容性：可以在不同系统环境和浏览器上运行。

易用性：系统功能简洁易懂。

可移植性：在改动少量代码的情况下，可以迁移至其他平台运行。

为了满足系统的非功能性需求，系统有一套最低的软硬件配置，系统最低软硬件需求如表 8-2 所示。

表 8-2　系统软硬件需求

名称	要求
CPU	Intel Core i3 以上
内存	1GB 以上
硬盘	100GB 以上
网络	10Mb 以上
输入输出设备	标准键鼠、显示器
操作系统	Windows7 及以上

8.2.4　系统数据需求分析

要实现四川省滑坡地质灾害监测预警系统的各项功能，离不开真实全面的数据支持。下面根据系统的实际功能需求，从数据类型需求和数据量需求两方面进行系统数据需求分析。

8.2.4.1　数据类型需求分析

从系统的实际功能需求出发，数据列表展示、图表分析和监测点成灾趋势分析等功能模块主要是以属性数据作为数据源；而图层控制、雨量渲染等功能模块则主要是以空间数据作为数据支撑。如图 8-15 所示，四川省滑坡地质灾害监测预警系统的数据类型分为属性数据和空间数据两部分。

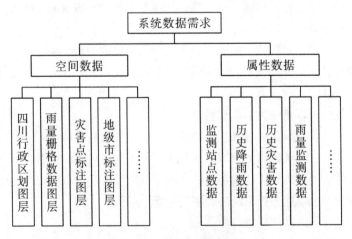

图 8-15　系统数据需求图

属性数据主要包括监测站点数据、历史降雨量数据、历史灾害数据、雨量监测数据等，根据系统实际功能需要，不同时期同一类型数据需要进行统一字段、数据筛查等处理。处理过的数据需要统一存放在系统属性数据库中。本系统属性数据库采用 MySql 数据库。用户信息表、日志记录表等也属于属性数据，同样会存储在 MySql 数据库中。

空间数据主要包括四川行政区划图层、雨量栅格数据图层、灾害点标注图层和地级市标注图层等，原始空间数据是在 ArcGIS 软件上进行预处理，然后将地图服务发布在 ArcGIS Server 中。前端浏览器通过 http 协议访问地图服务，空间数据在前端的显示和操作主要通过图层控制树完成。

8.2.4.2 数据量需求分析

为了保证预警信息发布的准确性，系统的监测预警模型需要庞大的数据量支持。本系统对数据量的需求主要体现在降雨量数据和灾害点信息数据两个方面。

根据实际功能需求，本系统降雨量数据拟采用 2009—2017 年四川省逐日降雨量数据，灾害点信息数据拟采用 2009—2017 年四川省地质灾害统计数据。

8.3　地质灾害监测预警系统的设计

8.3.1　监测预警系统体系结构和技术框架

8.3.1.1　系统总体结构

在完成系统各项基本功能的基础上，作为一套实用性的系统，必须满足系统的实用性原则、安全性原则、友好性原则、先进性原则、可维护性原则。

本系统主要采用 B/S 架构，将 Web 技术和 GIS 平台有机结合在一起，用户几乎可以在浏览器上完成对系统的所有操作。本系统同时采用 Web 服务器和 GIS 地图引擎，将属性数据和空间地理数据分别存储在对应的数据库中。通过 ArcGIS 将地图服务发布在 Arc Server 中，使得用户可以通过 http 直接访问地图服务，系统的属性数据库采用 MySql 数据库，MySql 具有运行速度快、使用简单、可移植性强、成本低等诸多优点，更适合在 B/S 架构的系统中使用。本系统的系统结构自底向上主要分为数据服务层、业务逻辑层和客户表现层三层，系统结构如图 8-16 所示。

系统最上层是客户表现层，主要使用的是前端浏览器。中间是业务逻辑层，主要使用的是 Web 服务器和 GIS 地图引擎。最底层的是数据服务层，主

要提供数据的存储服务和数据处理服务。用户在前端浏览器上发送请求，Web
服务器接收到请求之后进行处理，将进一步的请求发送给 GIS 服务器。GIS 服
务器接收到请求之后，在数据底层完成逻辑操作。数据操作结果再通过 GIS 服
务器传送给前端浏览器。

客户表现层：采用前端浏览器，在 JSP 页面上控制数据显示，同时录入用
户的请求，将请求发送给下一级的服务器。

业务逻辑层：Web 服务器和 GIS 服务器，将前端页面的请求发送给数据服
务层，然后将处理结果发回给前端浏览器。

数据服务层：主要是空间数据库和属性数据库，接收来自上一层服务器的
请求，处理数据，并将处理结果返回上一层服务器。

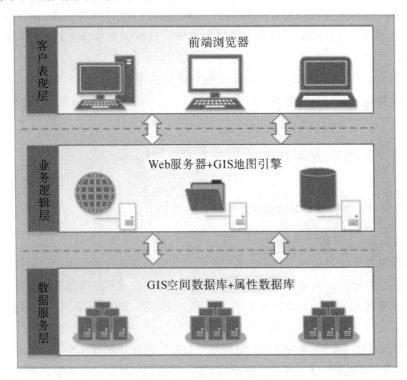

图 8-16　系统总体结构图

8.3.1.2　系统总体技术框架

本系统对于四川省滑坡监测预警技术的研究，主要以降水量数据和灾害发
生情况作为研究依据。利用历史降雨量数据和灾害发生情况，计算出有效降雨
量数据，进一步计算出当地滑坡灾害发生的临界雨量，形成预警产品，最后以
互联网等形式发布。

系统整体技术框架如图 8-17 所示。

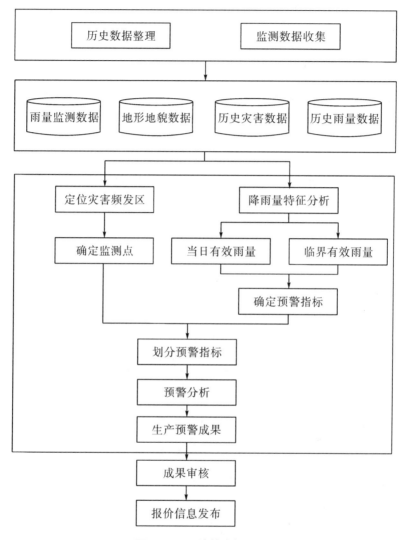

图 8-17　系统技术框架图

收集四川省地形地貌数据、历史降雨量数据、历史灾害发生数据、各监测站点降雨量数据等，进行入库整理。

根据历史数据定位灾害频发区，将灾害频发区内的监测站确定为监测点，实施雨量监测。

根据历史数据进行降雨量特征分析，计算出当地当日的有效降雨量和临界降雨量，确定预警指标。

根据灾害等级，划分预警指标。

将雨量监测数据和预警指标进行数据分析，确定预警等级，生成预警成果图。

预警成果审核通过后，发布预警信息。

8.3.2 监测预警模型设计

随着地质灾害监测预警技术的不断发展，目前常用的地质灾害监测预警模型主要分为时间序列分析模型、灰色系统分析模型、BP 网络模型和 Kalman 模型。如图 8-18 所示，本系统主要将时间序列分析方法和有效雨量计算方法相融合，构建滑坡地质灾害监测预警模型。利用时间序列分析方法进行雨量预测，利用有效降雨量计算方法计算有效降雨量，确定灾害阈值并划分预警等级。预测雨量和灾害阈值对比，决定是否发布预警并确定预警等级，同时生成预警地图产品。利用实际数据对预警产品进行数据校验，最后发布预警信息。

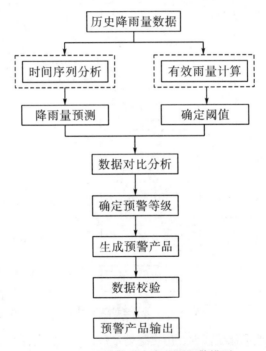

图 8-18　滑坡地质灾害监测预警模型

时间序列分析指的是通过分析历史数据在过去时间内的变化趋势来预测未来的发展趋势。本系统主要通过时间序列分析方法来进行雨量的预测。通过对某一监测点历史雨量的观测，对雨量的变化过程和数据发展规模进行分析，得出自相关函数，匹配适用的随机模型，最后使用随机模型进行雨量预测。通过时间序列分析方法进行雨量预测，主要分为以下三个步骤：

8.3.2.1　确定系统时间序列数据中所包含的影响成分

时间序列成分主要分为趋势成分和季节成分。因为降雨量数据的特殊性，降雨量数据在全年的不同季节有显著差异，所以降雨量数据是存在季节成分的。确定降雨量数据是否含有趋势成分，需要通过绘制年度降雨量折叠时间序列图。如果两种成分同时存在，则各年度降雨量折线不交叉。如果存在折线数据交叉，则证明本系统的降雨量时间序列数据只包含季节成分。如表8-3所示，以九龙监测站2015年、2016年两年逐月降雨量数据为例，绘制年度降雨量折叠时间序列图进行数据分析。

表8-3　九龙监测站2015年、2016年逐月降水量数据　单位：毫米

	一月	二月	三月	四月	五月	六月
2015	5.08	0	21.34	3.3	75.69	159
2016	2.79	35.31	37.08	64.77	43.94	196.09
	七月	八月	九月	十月	十一月	十二月
2015	186.18	255.78	142.49	47.5	0	10.16
2016	186.69	119.38	284.48	6.1	9.65	0.51

年度降雨量折叠时间序列图如图8-19所示。

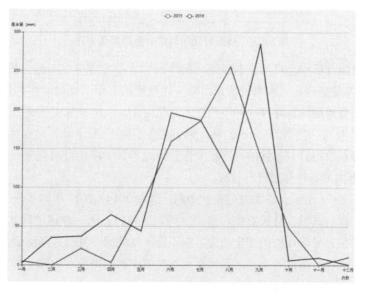

图8-19　九龙监测站2015—2016年度降雨量折叠时间序列图

可以在图 8-19 中很明显地看到，两条折线之间存在着交叉现象，因此可以得出本系统降雨量时间序列只包括季节成分，不包含趋势成分。

8.3.2.2　根据时间序列成分选择预测方法

时间序列分析中包含多种预测方法，如移动平均法、指数平滑法、线性趋势推测法、季节自回归模型预测法等。如图 8-20 所示，根据时间序列成分特性，选择相匹配的预测方法。

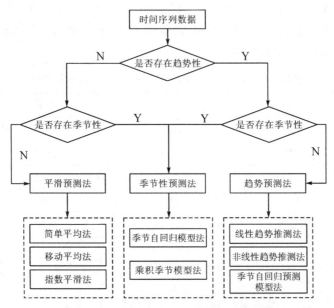

图 8-20　根据时间序列成分选择预测方法

在上面分析中已得出，本系统时间序列包含季节成分，不包含趋势成分，由图 8-20 分析得出，本系统应采用季节性预测法。季节性时间序列最突出的特征是具有周期性，并且这种周期性的变化往往是由于季节变化所引起的。通常设周期为 S，时间相隔为 S 的两个时间点上的随机变量具有较强的相关性。由于降雨量数据具有较强的月度相关性，推测本系统降雨量时间序列的周期 S 为 12，下面用具体数据进行验证。

如图 8-21 所示，以九龙监测站为例，选取 2014—2017 年四年内的月降水量数据，做折线图，分析数据趋势。由折线图可得，同一地区的降水量数据，以年为单位，呈现相似的变化趋势。在不同年度的同一月份，降雨量数据具有较强的相关性。由此可得，本系统降水量时间序列的周期 S 为 12。

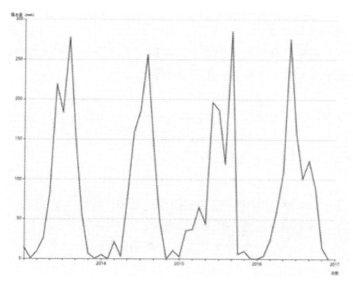

图 8-21　九龙监测站 2014—2017 年月降水量

通过对本系统降水量时间序列的成分分析和周期性分析，最终决定采用季节性预测法进行降水量预测。季节性预测法包括季节自回归模型和季节乘积模型这两种预测模型。

8.3.2.3　评估并确定预测模型

由上面分析得出，适合本系统的预测模型有季节自回归模型和季节乘积模型这两种季节性预测模型。季节自回归模型又称为简单季节模型，乘积季节模型又称为纯季节模型。接下来将对两种预测模型进行评估。

（1）简单季节模型。

简单季节模型是将季节中的季节成分和效应作为加法关系进行计算。通过简单的趋势差分和季节差分，将非平稳时间序列转化为平稳序列，然后再通过简单平均法等平滑法预测方法进行分析。简单季节模型的模型结构表示如式 8-1 所示，其中 $\{a_t\}$ 为白噪声序列：

$$\Phi(B^S)(1-B^S)^D X_t = \Theta(B^S) a_t$$

$$\Phi(B^S) = 1 - \Phi_1 B^S - \Phi_2 B^{2S} - \cdots - \Phi_p B^{pS} \qquad (\text{式 8-1})$$

$$\Theta(B^S) = 1 - \Theta_1 B^S - \Theta_2 B^{2S} - \cdots - \Theta_q B^{qS}$$

简单季节模型将时间序列中的季节成分和效应作为简单相加的关系，在实际数据操作过程中，$\{a_t\}$ 不一定为白噪声序列。因为时间序列可能还存在长期趋势，相同周期的不同期点之间也可能有一定的相关性，所以简单季节模型可能存在着一定的拟合不足，不适合作为本系统的预测模型。

（2）乘积季节模型。

乘积季节模型又称为纯季节模型，适用于有季节成分但无趋势成分的序列。乘积季节模型首先考察季节之间的子序列

$$X_{t_0}, X_{t_0+S}, \cdots, X_{t_0+kS}, \cdots,$$

然后将子序列近似成零均值平稳序列，建立 ARMA（p，q）模型

$$\Phi(B^S) X_t = \Theta(B^S) e_t$$

对平稳序列 $\{e_t\}$ 建立 ARMA（p，q）模型

$$\varphi(B) e_t = \theta(B) a_t$$

其中 $\{a_t\}$ 是白噪声序列，最后利用上述结果，构建（n，m）$*$（p，q）$_S$ 模型，也就是乘积季节模型，如式 8-2 所示：

$$\varphi(B)\Phi(B^S) X_t = \theta(B)\Theta(B^S) a_t \qquad\qquad （式 8-2）$$

其中

$$\Phi(B^S) = 1 - \Phi_1 B^S - \Phi_2 B^{2S} - \cdots - \Phi_p B^{pS}$$

$$\Theta(B^S) = 1 - \Theta_1 B^S - \Theta_2 B^{2S} - \cdots - \Theta_q B^{qS}$$

$$\varphi(B) = 1 - \varphi_1 B - \varphi_2 B^2 - \cdots - \varphi_n B^n$$

$$\theta(B) = 1 - \theta_1 B - \theta_2 B^2 - \cdots - \theta_m B^m$$

对本系统降水量时间序列而言，乘积季节模型考虑到了降水量的长期趋势效应和随机降水波动情况，弥补了普通 ARIMA 模型中的不足。相较于简单季节模型而言，乘积季节模型更适用于本系统的降水量事件序列的研究和降水预测。

确定降水量数据时间序列预测方法之后，需要将预测数据与灾害阈值进行数据对比，本系统主要采用有效降水量计算方法来计算灾害发生的临界有效降雨量。有效降雨量的计算方法如式 8-3 所示：

$$P_Z = P_0 + \lambda_1 p_1 + \lambda_2 p_2 + \cdots + \lambda_n p_n \qquad\qquad （式 8-3）$$

有效降雨量 P_Z 是当时降水量 P_0 加上前 n 天降雨量与系数乘积，一般选取前 14 天的降雨量数据。本系统选用的 2009—2017 年四川省逐日降雨量数据，可以提供四川省境内各监测站点的日降雨量数据。

根据有效降雨量确定灾害临界雨量之后，再根据灾害临界雨量划分预警等级。灾害预警等级划分主要参考地质灾害气象预报协议，将灾害预警划分为五个等级，如表 8-4 所示。

表 8-4　灾害预警等级划分

预警级别	发生概率	色标	含义
五级	小于 20%	白	无危害
四级	20%~40%	灰	灾害可能一般
三级	40%~60%	黄	灾害可能较大
二级	60%~80%	橙	灾害可能大
一级	大于 80%	红	灾害可能特别大

灾害预警产品分为文本信息和地图产品两部分，分别存放在不同的数据库中。灾害预警发布前，将预警产品与实际数据进行数据校验，改进预测模型，以不断提高监测预警模型的精度。

8.3.3　系统功能模块设计

通过前面章节进行的系统需求分析，完成四川省滑坡地质灾害监测预警系统的模块划分与设计。系统包括系统管理、用户管理、数据管理、数据分析、地图服务、预警管理、应急管理七大功能模块。

接下来根据系统功能模块划分，详细介绍各模块的功能设计。

8.3.3.1　系统管理

系统管理模块主要分为登录验证、信息公告和操作日志三部分。登录验证主要是通过对数据库表的查询，返回验证结果，验证成功之后跳转至系统首页。信息公告是将超级管理员对预警信息、应急信息的操作以公告的形式发送至系统中的每一位用户，保证系统用户接收信息的同步性。操作日志是将每一位用户在系统内的数据操作和使用情况进行记录。系统管理模块结构图如图 8-22 所示。

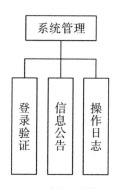

图 8-22　系统管理模块结构图

8.3.3.2 用户管理

用户管理主要分为权限管理、权限查询和用户注册三部分。权限管理将用户分为普通用户、系统管理员、超级管理员三种等级，普通用户只有浏览数据的权限，系统管理员可以发布预警信息、进行数据分析，超级管理员拥有系统的所有权限，包括更改其他用户的权限，生成新用户等。用户管理结构图如图8-23所示。

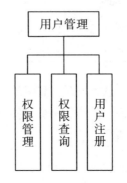

图 8-23　用户管理结构图

8.3.3.3 数据管理

数据管理主要分为历史数据管理、监测数据管理和数据维护三部分。普通用户拥有数据浏览、查询的权限，系统管理员和超级管理员拥有数据维护的权限，主要包括数据的修改、删除、增加等。数据管理结构图如图8-24所示。

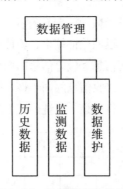

图 8-24　数据管理结构图

8.3.3.4 数据分析

数据分析包括图表统计、阈值分析、预警分析、灾害频发区分析、监测点变化趋势分析五部分。将历史数据和监测数据进行图表统计，结合地图数据，进行灾害频发区分析，确定灾害频发区，以灾害频发地区的监测站作为监测站点，结合历史数据计算有效降雨量和临界降雨量，确定监测点灾害发生降雨量阈值。计算出监测点一段时间的持续有效降雨量，进行监测点变化趋势分析。利用监测点变化趋势、监测数据和降雨量阈值，进行预警分析。

数据分析模块结构图如图 8-25 所示。

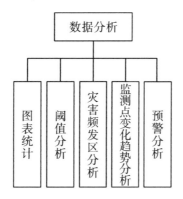

图 8-25　数据分析模块结构图

数据分析模块流程图如图 8-26 所示。

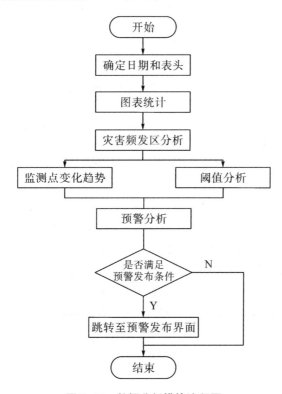

图 8-26　数据分析模块流程图

8.3.3.5　地图服务

地图服务模块分为工具栏、图层控制、查询统计、地图显示四部分。地图显示功能使发布在 Arc Server 上的地图服务通过 http 访问的形式在前端页面展示。基础地理图层包括四川省行政区划图层、地形图层等，灾害分布图层包括灾害点分布图层、监测点分布图层等。地图工具栏支持一系列地图的基本操作，如缩放、定位、量距、标注等。图层控制采用图层控制树的形式，通过前端页面的勾选，选择显示的地图图层。查询统计功能支持查询灾害点详细信息、生成历史雨量统计表、导出地理成果图等。

地图服务模块结构图如图 8-27 所示。

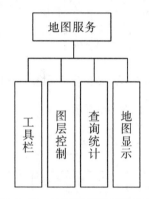

图 8-27　地图服务模块结构图

8.3.3.6　预警管理

预警管理分为预警发布、历史预警、发布状态维护三部分。当数据分析模块的分析结果达到预警指标时，系统会跳转至预警发布界面，在此界面，用户需要填写预警详细信息。预警信息发布后，会保存到历史预警信息统计表和历史预警信息成果统计表中。历史预警信息统计表详细记录了灾害点、雨量、发布人、发布时间等一系列必要信息，用户可以在历史预警信息界面进行查询。历史预警成果图会以图表和文本的形式保存在系统数据库中，用户可以在历史预警成果图界面进行查询。发布状态维护主要是针对超级管理员的功能，管理员提交预警信息后，超级管理员会进行审核，对历史预警信息，超级管理员也可以撤销或进行修改。审核、撤销和修改的结果会以信息公告的形式发布在系统内。

预警管理模块结构图如图 8-28 所示。

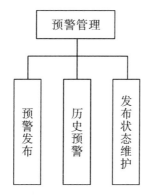

图 8-28　预警管理模块结构图

8.3.3.7　应急管理

应急管理分为应急事件上报和应急信息维护两部分。当系统数据丢失、监测点雨量激增或系统监测设备异常等系统突发情况发生时，用户可以通过应急事件上报功能进行报备，用户需要填写应急事件名称、具体情况和上报人等信息，系统操作日志也会记录上报时间和上报人等信息。当应急事件解决或上报情况有误时，超级管理员可以使用应急信息维护里的撤销和修改等功能对应急信息进行维护，用户可以通过应急信息查询功能，查询历史应急信息。

应急管理模块结构图如图 8-29 所示。

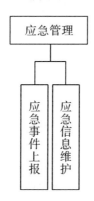

图 8-29　应急管理模块结构图

应急管理流程图如图 8-30 所示。

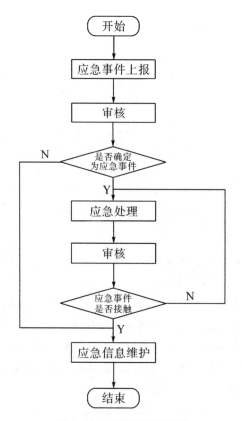

图 8-30　应急管理流程图

8.3.4　数据库设计

8.3.4.1　数据预处理

根据系统数据需求分析，将系统原始数据分为空间数据和属性数据两类，分别存储在不同的数据库中。在数据存入系统数据库之前，为了保证数据的有效性，需要进行数据筛查、字段统一、数据栅格化等数据修正工作。本部分主要从空间数据和属性数据两部分介绍数据预处理过程。

（1）空间数据预处理。

空间数据预处理主要在 ArcGIS 软件上完成。本系统使用的空间数据主要是通过 ArcGIS 进行属性查询和发布的，使用 ArcGIS 连接数据库，将空间数据存放在 ArcGIS 的数据目录中，通过拖拽在主界面进行数据处理和裁剪。

本系统的雨量数据使用的是 2009—2017 年 GPM 格式的四川省逐日降雨量数据，数据范围为：东经 95°05′~110°05′，北纬 24°95′~34°95′。四川省的范围为：东经 97°21′~108°31′，北纬 26°03′~34°19′。雨量数据范围可以覆盖四川省行政区划范围。

行政区划范围内的所有点降雨量作为该日当地的平均降雨量，利用当日平均降雨量和前十天降雨量数据计算当日有效降雨量，当月内灾害发生时的有效降雨量求均值，作为当月降雨量阈值。同时将数据进行栅格化处理，如图8-31 所示，保存到空间数据库。

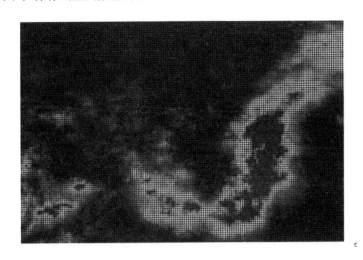

图 8-31　栅格化降雨量数据

将单个或多个地理图层打包成服务发布到 Arc Server 上，可以通过 ArcGIS Server Manger 进行查看，如图 8-32 所示，也可以通过 http，在前端浏览器页面进行访问。

图 8-32　ArcGIS Server Manger 列表

（2）属性数据预处理。

属性数据预处理主要在 Microsoft Office 2016 上的 Excel 2016 上完成。系统需要进行预处理的属性数据主要包括 2009—2017 年的降雨量数据和灾害数据。属性数据在存入数据库之前，需要经历筛选、剔除、修改和统一格式等步骤。

以 2009—2017 年地质灾害数据为例，首先通过"查找功能"在灾害类型列表中选择灾害类型为滑坡的数据记录；其次将筛选出的数据进行选择，对不完整数据或错误数据进行剔除；最后，统一数据格式和字段名，批量导入数据库。

8.3.4.2 系统数据库 E-R 建模

本系统数据库主要分为空间数据库和属性数据库两类。属性数据库分为用户信息库、监测数据信息库、历史数据信息库和预警信息库四部分。空间数据库分为基础地理信息库、灾害分布信息库、监测站点信息库、雨量分布信息库和预警成果信息库等。基础地理数据和行政区划数据为固定数据，可以供用户调用分析。

系统数据库 E-R 建模如图 8-33 所示。

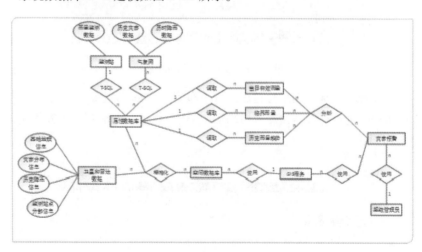

图 8-33　系统数据库 E-R 建模

8.3.4.3 数据库主要表信息

本系统属性数据库分为用户信息库、监测数据信息库、历史数据信息库和预警信息库四部分。数据库主要包括用户信息表、监测站点表、历史灾害表、雨量信息表、阈值信息表、预警信息表等。

用户信息表（tabSCUserInfo）的主要字段有：UserID，UserName，

PassWord，EmailInfo，UserLevel，中文释义为：用户 ID、用户名、密码、注册邮箱、用户权限。用户信息表用来存储注册用户的基本信息。

用户信息表主要字段如表 8-5 所示。

表 8-5　用户信息表表主要字段

字段名称	注释	数据类型	要求
UserID	用户 ID	INT（11）	NOT NULL
UserName	用户名	VARCHAR（45）	NOT NULL
PassWord	密码	VARCHAR（45）	NOT NULL
EmailInfo	注册邮箱	VARCHAR（45）	NOT NULL
UserLevel	用户权限	INT（11）	NOT NULL

监测站点表（tabSCStationInfo）的主要字段有：ID，SCSNum，SCSName，SCSArea，SCSLang，SCSLat，SCSFre，中文释义为：监测站 ID、监测站编号、监测站名称、监测站所属地区、监测站经度、监测站纬度、是否为频发区。监测站点表用来存储雨量监测站点的基本信息。

监测站点表主要字段如表 8-6 所示。

表 8-6　监测站点表主要字段

字段名称	注释	数据类型	要求
ID	监测站序号	INT（11）	NOT NULL
SCSNum	监测站编号	INT（11）	NOT NULL
SCSName	监测站名称	VARCHAR（45）	NOT NULL
SCSArea	监测站所属地区	VARCHAR（45）	NOT NULL
SCSLang	监测站经度	INT（11）	NOT NULL
SCSLat	监测站纬度	INT（11）	NOT NULL
SCSFre	是否为频发区	INT（11）	NOT NULL

历史灾害表（tabSCDebrisFlowInfo）的主要字段有：SCDate，SCTime，SCSNum，SCSName，SCState，中文释义为：灾害日期、灾害时间、所在地监测站编号、所在地监测站名称、灾害情况简介。历史灾害表用来存储历史灾害发生的情况。

历史灾害表的主要字段如表 8-7 所示。

表 8-7　历史灾害表的主要字段

字段名称	注释	数据类型	要求
SCDate	灾害日期	DateTime（10）	NOT NULL
SCTime	灾害时间	DateTime（10）	NOT NULL
SCSNum	所在地监测站编号	INT（11）	NOT NULL
SCSName	所在地监测站名称	VARCHAR（45）	NOT NULL
SCState	灾害情况简介	VARCHAR（45）	NOT NULL

雨量信息表（tabSCRainDayInfo）的主要字段有：SCDate，SCTime，SCSNum，SCSName，SCRainState，中文释义为：降雨日期、降雨时间、所在地监测站编号、所在地监测站名称、雨量情况。雨量信息表用来存储监测雨量和历史雨量情况。

雨量信息表的主要字段如表 8-8 所示。

表 8-8　雨量信息表的主要字段

字段名称	注释	数据类型	要求
SCDate	降雨日期	DateTime（10）	NOT NULL
SCTime	降雨时间	DateTime（10）	NOT NULL
SCSNum	所在地监测站编号	INT（11）	NOT NULL
SCSName	所在地监测站名称	VARCHAR（45）	NOT NULL
SCRainState	雨量情况	VARCHAR（45）	NOT NULL

阈值信息表（tabSCThresholdInfo）的主要字段有：SCSNum，SCSName，SCMonth，SCThrNum，中文释义为：所在地监测站编号、所在地监测站名称、月份、当前月份阈值。阈值信息表用来存放各个监测点每月的临界降雨量值。

阈值信息表的主要字段如表 8-9 所示。

表 8-9　阈值信息表的主要字段

字段名称	注释	数据类型	要求
SCSNum	所在地监测站编号	INT（11）	NOT NULL
SCSName	所在地监测站名称	VARCHAR（45）	NOT NULL
SCMonth	月份	INT（11）	NOT NULL
SCThrNum	当前月份阈值	INT（11）	NOT NULL

预警信息表（tabSCWarningInfo）的主要字段有：SCDate，SCTime，SCSNum，SCSName，SCRainFact，SCThrNum，UserID，UserName，中文释义为：预警日期、预警发布时间、所在地监测站编号、所在地监测站名称、当前雨量、当月阈值、预警发布人 ID、预警发布人用户名。预警信息表用来存放历史预警信息表。

预警信息表主要字段如表 8-10 所示。

表 8-10　预警信息表主要字段

字段名称	注释	数据类型	要求
SCDate	预警日期	DateTime（10）	NOT NULL
SCTime	预警发布时间	DateTime（10）	NOT NULL
SCSNum	所在地监测站编号	INT（11）	NOT NULL
SCSName	所在地监测站名称	VARCHAR（45）	NOT NULL
SCRainFact	当前雨量	INT（11）	NOT NULL
SCThrNum	当月阈值	INT（11）	NOT NULL
UserID	预警发布人 ID	INT（11）	NOT NULL
UserName	预警发布人用户名	VARCHAR（45）	NOT NULL

本系统的空间数据库分为基础地理信息库、灾害分布信息库、监测站点信息库、雨量分布信息库和预警成果信息库等。基础地理数据和行政区划数据为固定数据，可以供用户调用分析。空间数据库记录系统所有的点线面数据，由 ArcGIS 进行管理。

8.4　地质灾害监测预警系统功能的实现及测试

8.4.1　系统基础功能的实现

系统的基础功能模块包括系统管理、用户管理、数据管理三个。

8.4.1.1　系统管理

系统注册用户在登录界面输入用户名和密码，Web 服务器接收到表单信息后，将输入信息和数据库中用户信息表中的相关信息进行核对验证，验证通过会跳转到系统主界面。

系统登录界面如图 8-34 所示。

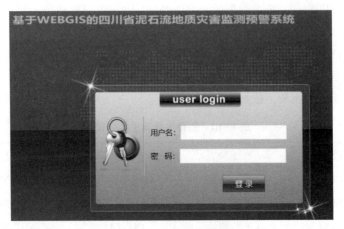

图 8-34　登录验证界面图

登录验证成功后，进入系统主界面，系统操作界面分为系统模块列表界面、模块功能列表界面和操作界面。如图 8-35 所示，以监测站点信息管理界面为例，界面上方为系统模块列表和信息公告通知，可以在不同系统模块之间进行切换。界面左下为模块功能列表，显示同一系统模块内的功能列表。界面中间区域为操作区域。

图 8-35　监测站点信息管理界面图

地图界面首页分为系统模块列表界面、模块功能列表界面和地图操作界面，系统地图界面首页以四川省行政区划图层作为底图，地图右侧工具栏可以实现测距、全图等功能。

8.4.1.2　用户管理

用户管理模块包括用户注册、权限管理、操作日志等功能。用户管理功能模块操作流程图如图 8-36 所示。用户在登录界面进行登录验证，系统注册用户可以直接登录，未注册用户需要先进行新用户注册。用户完成登录验证之后进入系统操作界面，拥有操作权限的用户可以进行系统操作，没有操作权限的用户会提示权限不足。用户所有的系统操作，都会录入操作日志记录表中。

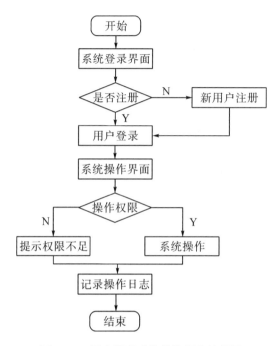

图 8-36　用户管理功能模块操作流程图

　　为了保证预警发布的权威性，系统为不同用户分配了不同的操作权限。用户权限分为普通用户、管理员和超级管理员三类，用户权限管理界面如图 8-37 所示。用户权限由用户信息表数据库表单中的 UserLevel 字段确定。0 代表普通用户，仅拥有浏览数据的权限，1 代表管理员，拥有浏览数据、数据分析和预警发布的权限，2 代表超级管理员，拥有系统所有权限，包括预警信息维护、应急信息维护、更改用户权限、增加新用户等。

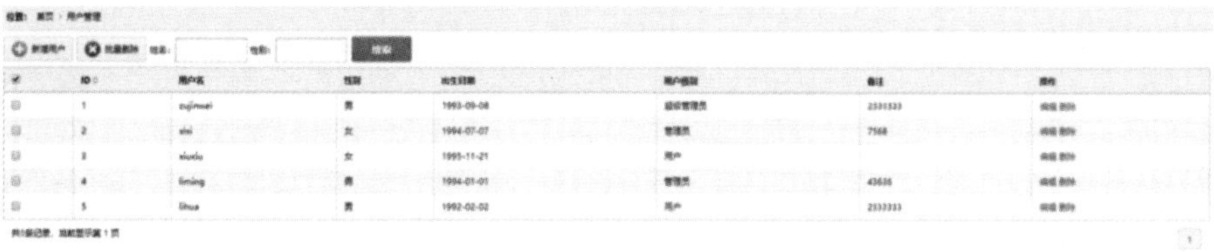

图 8-37　用户权限管理界面

用户权限管理支持用户信息的增加、删除、编辑和查询，超级管理员点击"操作"栏的"修改"按钮，可对用户信息进行编辑，如图8-38所示。

图8-38　用户信息编辑界面

普通用户和管理员仅拥有查询的权限，当普通用户或管理员尝试编辑用户信息时，会弹出错误警告，如图8-39所示。

图8-39　权限不足错误提示

8.4.1.3　数据管理

数据管理功能模块主要提供各类属性数据的分类存储和维护功能，为数据分析等功能提供数据支撑。数据管理功能模块的操作流程图如图8-40所示。系统所有用户都可以进行数据查询操作，管理员拥有数据维护权限，数据维护更新后，会发布系统公告。

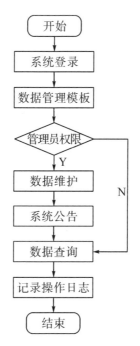

图 8-40　数据管理功能模块操作流程图

数据管理部分主要包括监测站点信息管理、历史灾害数据管理、历史雨量数据管理、监测雨量数据管理、阈值管理、历史预警信息管理等。每一个信息管理表对应数据库中唯一的表单。数据分析功能支持调用这些信息管理表进行数据分析。系统数据管理界面支持超级管理员对单个数据和批量数据进行操作，包括数据的增加、删除、修改和查询。如图 8-41 所示，以历史预警信息表为例，信息表字段包括编号、预警名称、发布人名称、灾害地点、发布时间、审核状态。可以单击"查看"按钮了解详细信息，也可以勾选信息列表前的方框进行批量操作。

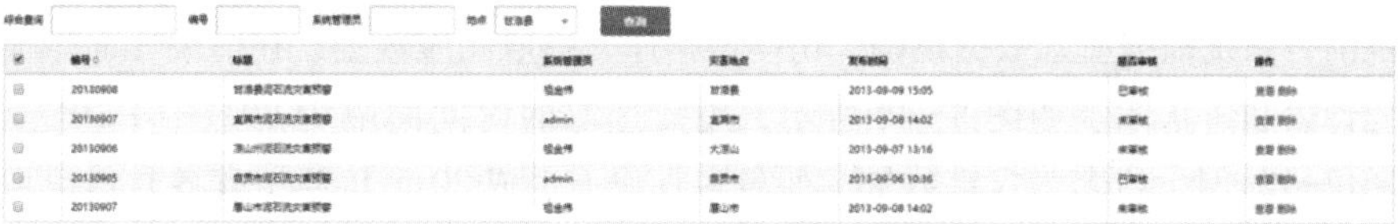

图 8-41　历史预警查询信息表

当数据管理信息表中的信息出现错误或者需要更新时，超级管理员可以使用数据维护功能对单个数据或批量数据进行操作。以阈值管理信息表为例，由于对监测数据和新增灾害数据的分析，各地监测点阈值有时需要进行更新。阈值维护界面如图 8-42 所示。

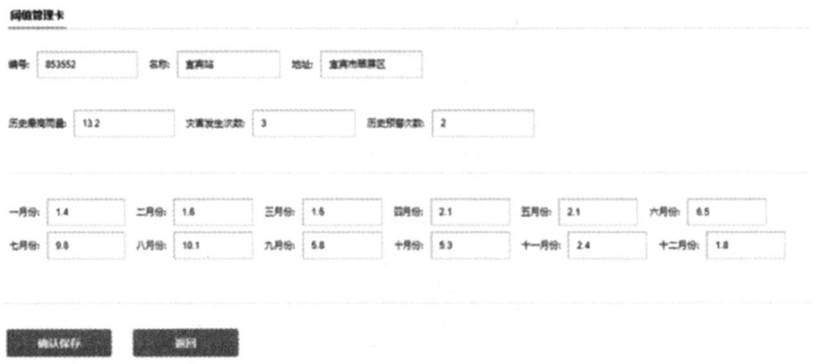

图 8-42　阈值维护界面

8.4.2　系统业务功能的实现

系统重点业务功能包括数据分析、地图分析、预警分析三部分。

8.4.2.1　数据分析

数据分析功能模块主要是对选定的属性数据进行分析处理，输出饼状图、条形图、折线图、分析表等文件。通过数据分析来确定属性数据的分布特点或变化趋势，如滑坡地质灾害在不同月份的分布特征、某监测站的降雨趋势等。数据分析功能模块的操作流程图如图 8-43 所示。

数据管理信息表中，每一张信息表对应数据库中的唯一表单。数据分析模块通过调用多张数据库表中的部分或全部信息来进行数据分析，为预警管理模块提供数据支持。数据分析模块包括图表统计、灾害频发区分析、监测点变化趋势分析、阈值分析。

以饼状图分析为例，用户首先通过选取时间间隔、行名、列名，确定数据范围，系统根据所选数据范围，访问数据库，提取相应数据，在前端界面生成统计表和饼状图。如图 8-44 所示，用户选取的时间间隔为 2017-01-01 至 2017-12-31，行名为灾害数量，列名为月份，生成 2017 年四川省各月份滑坡灾害发生情况统计表和饼状图。

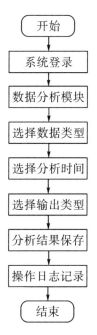

图 8-43　数据分析功能模块操作流程图

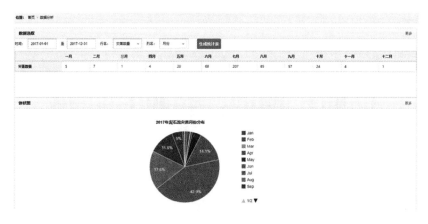

图 8-44　历史灾害数据统计图

　　通过对四川省各地区历史灾害数据和历时降雨数据的分析，确定灾害频发区，以灾害频发区的气象站点作为监测站。通过当日监测降雨量和历史 10 日降雨量计算当日有效降雨量。利用历史灾害数据和历史雨量数据进行阈值分析，利用图表统计和一段时间内有效降雨量数据可以对监测点进行变化趋势分析。

选定监测点和时间点，生成一周有效雨量折线图，如图 8-45 所示，分析监测点雨量变化趋势。

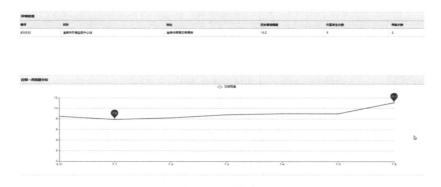

图 8-45　监测点一周雨量变化趋势分析

预警分析通过图表统计的手段，选取监测站点名称、当日有效降水量、历史 48 小时有效降水量和预警雨量，生成统计图表。然后利用筛选功能，筛选出有灾害风险的监测站点，并对灾害预警情况进行分级，如图 8-46、图 8-47 所示。

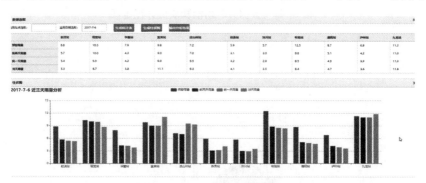

图 8-46　近三天雨量分析

图 8-47　预警信息筛选和分级

8.4.2.2　地图分析

地图分析是通过对雨情数据、灾害数据和监测数据在地图上直观地进行分析，主要包括历史降雨量数据分析、灾害点分析等。地图分析功能模块的操作流程如图8-48所示。用户登录，进入地图分析操作界面。地图分析模块首页提供地图工具栏、地图数据查询和地图数据分析等功能服务。用户先在图层控制树中选择要进行分析的地图图层，然后选择属性数据类型，最后确定分析的起止时间。分析结果包括比例尺、图例和指北针等，以图片的形式保存。用户在保存过程中可以为分析结果添加标题。

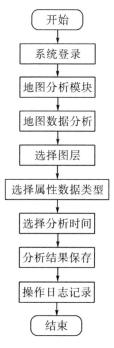

图 8-48　地图分析功能模块操作流程图

用户可以通过指定查询时间来查询特定时间点内各气象监测站的降雨量数据，并根据降雨量数据进行分级，使用大小不同的圆点进行表示。

同样用户可以通过指定查询时间，来查询特定时间段内滑坡灾害的分布情况。

8.4.2.3　预警分析

预警分析功能模块主要包括预警分析、预警发布、历史预警查询等功能。用户登录系统，进入预警分析功能模块界面，选择预警分析功能。首先在图层控制树选择要分析的地图图层，然后选择分析日期，最后利用时间序列模型进行分析后，得出预警结果。预警结果分为图片和文本两种形式，主要通过网页进行发布。文本形式的预警结果存储在历史预警信息表中，图片形式的预警结果存储在历史预警成果图列表中，用户可以通过日期等关键字进行查询。预警分析功能模块的操作流程图如图 8-49 所示。

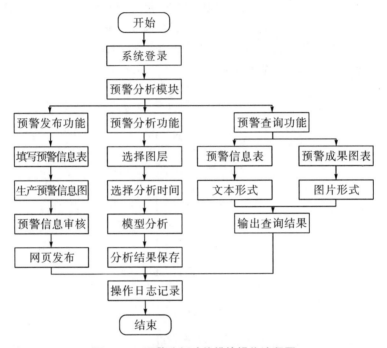

图 8-49　预警分析功能模块操作流程图

预警分析主要包括 24 小时降雨量空间插值分析、72 小时降雨量空间插值分析、预警分析、历史预警图查询等功能。

预警分析之后，确定预警等级并发布预警，预警信息主要以图片和文本两种形式进行发布。预警发布信息表包含预警标题、预警等级、实时雨量、灾害地点和通知内容。预警信息以表单形式保存在历史预警信息表中。预警信息的文本发布界面如图 8-50 所示，同时可以在"历史预警"界面进行历史预警文本信息查询。

位置：首页 > 预警发布

发布预警　　历史预警

系统管理员：祖金伟，请您完善预警通知内容！

预警标题 *　　请填写预警标题

预警等级 *　　一级

实时雨量 *　　请填写实时雨量

灾害地点 *　　四川　　　　　甘洛县

通知内容 *

　　　　　　提交审核　　马上发布

图 8-50　预警发布信息表

历史预警图片信息主要保存在历史预警成果列表中，如图 8-51 所示，用户可以点击列表信息查看历史预警图片，也可以在上方搜索栏查询指定时间段内的历史预警成果图。

图 8-51　历史预警成果图

8.4.3　系统功能测试

为了保证系统功能达到需求与设计中的预期，同时为了检验系统性能，在系统开发的各个阶段和系统开发完成后，都要进行系统测试。系统测试主要以

8　四川省滑坡地质灾害检测预警系统 ┊245

性能验证和功能验证为主,检验系统是否达到开发预期。本系统采用黑盒测试和白盒测试相结合的方法,首先对系统各功能模块进行测试,然后对系统进行集成测试,检测系统性能。

8.4.3.1 测试环境

系统测试环境如表 8-11 所示。

表 8-11 系统测试环境

服务器操作系统	64 位 Server 2012 r2
地理信息系统	64 位 ArcGIS
数据库	64 位 SQL Server 2012
客户端系统	Windows 10 旗舰版
浏览器	chrome 28.0

8.4.3.2 系统各功能模块测试

系统功能模块主要分为系统管理、用户管理、数据管理、数据分析、地图服务、预警管理、应急管理七个部分。

(1) 系统管理。

系统管理模块分为登录验证、信息公告和操作日志。根据系统模块功能设计如下测试用例,系统管理模块测试用例表如表 8-12 所示。

表 8-12 系统管理模块测试用例表

步骤	预设条件	用例情况	预期输出	实际输出
步骤一	用户在系统登录界面输入用户名和密码,点击"登录"	用户没有在本系统注册	弹出错误提示框,提示用户不存在	弹出错误提示框,提示用户不存在
步骤二		用户已注册,密码填写错误	弹出错误提示框,提示密码错误	弹出错误提示框,提示密码错误
步骤三		用户已注册,且密码填写正确	登陆成功,跳转至系统界面	登陆成功,跳转至系统界面

由以上测试用例可以得出,系统管理模块达到了需求与设计中的功能预期。

(2) 用户管理。

用户管理模块分为权限管理、权限查询和新用户注册。根据权限管理模块功能设计如下测试用例,用户管理模块测试用例表如表 8-13 所示。

表 8-13　用户管理模块测试用例表

步骤	预设条件	用例情况	预期输出	实际输出
步骤一	用户 A 在权限管理界面单击"新增用户"按钮	用户 A 是普通用户	弹出错误提示，提示用户权限不足	弹出错误提示，提示用户权限不足
步骤二		用户 A 是系统管理员	弹出错误提示，提示用户权限不足	弹出错误提示，提示用户权限不足
步骤三		用户 A 是超级管理员	跳转至用户注册界面	跳转至用户注册界面
步骤四	超级管理员进入用户注册界面，填写信息后，单击"保存"	未填写全部必填项	弹出错误提示，提示必填信息未填写完整	弹出错误提示，提示必填信息未填写完整
步骤五		填写全部必填项	若格式正确，提示新用户注册成功；若格式错误，提示格式错误	若格式正确，提示新用户注册成功；若格式错误，提示格式错误
步骤六		填写全部必填项和选填项	若格式正确，提示新用户注册成功；若有格式错误，提示格式错误	若格式正确，提示新用户注册成功；若有格式错误，提示格式错误
步骤七	新用户 B 注册成功，用户权限为普通用户	用户 A 在搜索栏输入用户 B 名称，单击搜索	系统界面显示用户 B 信息	系统界面显示用户 B 信息
步骤八	用户 A 进入用户 B 信息表单界面	单击"修改权限"按钮	进入权限修改界面	进入权限修改界面
步骤九	用户 A 将用户 B 的权限由普通用户修改为系统管理员	用户 A 单击"保存"按钮	提示用户 B 权限修改成功	提示用户 B 权限修改成功

由以上测试用例可以得出，用户管理模块达到了需求与设计中的功能预期。

（3）数据管理。

数据管理模块包括监测站点数据、历史灾害数据、监测点数据、降雨量数据等。以监测点数据为例，根据系统模块功能，设计以下测试用例，数据管理模块测试用例表如表 8-14 所示。

表 8-14　数据管理模块测试用例表

步骤	预设条件	用例情况	预期输出	实际输出
步骤一	用户成功登录系统，进入地质灾害监测站点信息表界面，单击"新增监测站点"按钮	用户权限为普通用户	弹出错误提示，提示用户权限不足	弹出错误提示，提示用户权限不足
步骤二		用户权限为系统管理员	弹出错误提示，提示用户权限不足	弹出错误提示，提示用户权限不足
步骤三		用户权限为超级管理员	进入监测站点新增界面	进入监测站点新增界面
步骤四	用户进入监测站新增界面，填写监测站点信息，单击"保存"	用户未填写所有必填项	弹出错误提示，提示信息未填写完整	弹出错误提示，提示信息未填写完整
步骤五		用户填写所有必填项	若格式正确，提示站点新增成功；若格式错误，提示格式错误	若格式正确，提示站点新增成功；若格式错误，提示格式错误
步骤六		用户填写所有必填项和选填项	若格式正确，提示站点新增成功；若格式错误，提示格式错误	若格式正确，提示站点新增成功；若格式错误，提示格式错误
步骤七	用户进入监测站点查询界面	输入新增站点名称，单击"查询"	跳转至该站点详细信息	跳转至该站点详细信息
步骤八	用户进入该站点详细信息界面	单击"删除站点"	提示删除成功	提示删除成功
步骤九	用户进入监测站点查询界面	输入新增站点名称，单击"查询"	提示未找到相关信息	提示未找到相关信息

由以上测试用例可以得出，数据管理模块达到了需求与设计中的功能预期。

（4）数据分析。

数据分析模块分为图表统计、灾害频发区分析、监测点变化趋势分析、阈值分析、预警分析等。根据系统模块功能，设计如下测试用例。数据分析模块测试用例表如表 8-15 所示。

表 8-15　数据分析模块测试用例表

步骤	预设条件	用例情况	预期输出	实际输出
步骤一	用户在系统登录界面输入用户名和密码,点击"登录"	用户没有在本系统注册	弹出错误提示框,提示用户不存在	弹出错误提示框,提示用户不存在
步骤二		用户已注册,密码填写错误	弹出错误提示框,提示密码错误	弹出错误提示框,提示密码错误
步骤三		用户已注册,且密码填写正确	登陆成功,跳转至系统界面	登陆成功,跳转至系统界面
步骤四	用户进入系统界面	单击"数据分析"按钮	进入数据分析界面	进入数据分析界面
步骤五	用户进入图表统计界面,单击"生成统计表"	没有输入时间、行名、列名	弹出模态框,提示检索条件未填写完整	弹出模态框,提示检索条件未填写完整
步骤六		时间、行名、列名输入其中一项	弹出模态框,提示检索条件未填写完整	弹出模态框,提示检索条件未填写完整
步骤七		时间、行名、列名输入其中两项	弹出模态框,提示检索条件未填写完整	弹出模态框,提示检索条件未填写完整
步骤八		时间、行名、列名全部输入	生成统计表	生成统计表
步骤九	用户进入系统界面	单击"监测站点变化趋势"按钮	进入监测站点变化趋势界面	进入监测站点变化趋势界面
步骤十	用户进入监测站点变化趋势界面,单击"生成趋势变化图"按钮	未选取监测站点和时间	弹出模态框,提示输入条件未填写完整	弹出模态框,提示输入条件未填写完整
步骤十一		选取监测站点和时间其中一项	弹出模态框,提示输入条件未填写完整	弹出模态框,提示输入条件未填写完整
步骤十二		选取监测站点和时间	生成监测站点趋势变化图	生成监测站点趋势变化图

　　由以上测试用例可以得出,数据分析模块达到了需求与设计中的功能预期。

（5）地图服务。

地图服务模块包括地图展示、图层控制、查询统计、工具栏四部分，根据地图服务模块功能，设计如下测试用例，地图服务模块测试用例表如表 8-16 所示。

表 8-16　地图服务模块用例分析表

步骤	预设条件	用例情况	预期输出	实际输出
步骤一	用户在系统登录界面输入用户名和密码，点击"登录"	用户没有在本系统注册	弹出错误提示框，提示用户不存在	弹出错误提示框，提示用户不存在
步骤二		用户已注册，密码填写错误	弹出错误提示框，提示密码错误	弹出错误提示框，提示密码错误
步骤三		用户已注册，且密码填写正确	登陆成功，跳转至系统界面	登陆成功，跳转至系统界面
步骤四	用户进入系统界面	单击"地图服务"按钮	进入地图服务界面	进入地图服务界面
步骤五	用户单击"刷新地图显示"按钮	未勾选显示图层	系统主操作界面空白	系统主操作界面空白
步骤六		勾选显示图层	显示所勾选图层	显示所勾选图层
步骤七	用户单击"查询"按钮	未选择时间、雨量查询条件	弹出模态框，提示查询条件不完整	弹出模态框，提示查询条件不完整
步骤八		时间、雨量查询条件输入其中一个	弹出模态框，提示查询条件不完整	弹出模态框，提示查询条件不完整
步骤九		时间、雨量查询条件全部输入	在地图上显示查询结果	在地图上显示查询结果

由以上测试用例可以得出，地图服务模块达到了需求与设计中的功能预期。

（6）预警管理。

预警管理分为预警发布、预警状态维护、历史预警成果图查询三部分。根据预警管理模块功能，设计以下测试用例，预警管理模块测试用例表如表 8-17 所示。

表 8-17　预警管理模块测试用例表

步骤	预设条件	用例情况	预期输出	实际输出
步骤一	用户在系统登录界面输入用户名和密码，点击"登录"	用户没有在本系统注册	弹出错误提示框，提示用户不存在	弹出错误提示框，提示用户不存在
步骤二		用户已注册，密码填写错误	弹出错误提示框，提示密码错误	弹出错误提示框，提示密码错误
步骤三		用户已注册，且密码填写正确	登陆成功，跳转至系统界面	登陆成功，跳转至系统界面
步骤四	用户进入系统界面	单击"预警管理"按钮	用户进入预警管理界面	用户进入预警管理界面
步骤五	用户进入预警管理界面，单击"发布预警"按钮	用户权限为普通用户	弹出模态框，提示用户权限不足	弹出模态框，提示用户权限不足
步骤六		用户权限为系统管理员	进入预警发布界面	进入预警发布界面
步骤七		用户权限为超级管理员	进入预警发布界面	进入预警发布界面
步骤八	用户填写预警信息，单击"立即发布"按钮	没有完全填写所有必填项	弹出模态框，提示信息未填写完整	弹出模态框，提示信息未填写完整
步骤九		填写所有必填项	预警发布成功	预警发布成功
步骤十		填写所有必填项和选填项	预警发布成功	预警发布成功
步骤十一	用户进入预警管理界面，单击"发布预警"按钮	单击"发布状态维护"按钮	进入发布状态维护界面	进入发布状态维护界面
步骤十二	用户进入发布状态维护界面，输入刚刚发布的预警名称	单击"查询"按钮	显示刚刚发布预警的详细信息	显示刚刚发布预警的详细信息
步骤十三	用户进入预警详细信息界面	单击"删除"按钮	预警信息删除	预警信息删除
步骤十四	用户进入发布状态维护界面，输入刚刚发布的预警名称	单击"查询"按钮	弹出模态框，提示未找到相应预警信息	弹出模态框，提示未找到相应预警信息

由以上测试用例可以得出，预警管理模块达到了需求与设计中的功能预期。

（7）应急管理。

应急管理分为应急事件上报和应急信息维护两部分。根据应急管理模块功能，设计以下测试用例，应急管理模块测试用例表如表8-18所示。

表8-18　应急管理模块测试用例表

步骤	预设条件	用例情况	预期输出	实际输出
步骤一	用户在系统登录界面输入用户名和密码，点击"登录"	用户没有在本系统注册	弹出错误提示框，提示用户不存在	弹出错误提示框，提示用户不存在
步骤二		用户已注册，密码填写错误	弹出错误提示框，提示密码错误	弹出错误提示框，提示密码错误
步骤三		用户注册，且密码填写正确	登陆成功，跳转至系统界面	登陆成功，跳转至系统界面
步骤四	用户进入系统界面	单击"应急管理"按钮	进入应急管理界面	进入应急管理界面
步骤五	进入应急管理界面	单击"应急事件上报"按钮	进入应急事件上报界面	进入应急事件上报界面
步骤六	填写应急信息，单击"立即提交"按钮	未完全填写必填项	弹出模态框，提示信息未填写完整	弹出模态框，提示信息未填写完整
步骤七		完全填写必填项	提交成功	提交成功
步骤八		完全填写必填项和选填项	提交成功	提交成功
步骤九	用户进入应急管理界面	单击"应急事件维护"按钮	进入应急事件维护界面	进入应急事件维护界面
步骤十	在搜索框输入刚刚提交的应急信息名称	单击"搜索"按钮	显示详细应急信息	显示详细应急信息

表8-18(续)

步骤	预设条件	用例情况	预期输出	实际输出
步骤十一		用户权限为普通用户	弹出模态框,提示用户权限不足	弹出模态框,提示用户权限不足
步骤十二	单击"撤销应急信息"	用户权限为系统管理员	弹出模态框,提示用户权限不足	弹出模态框,提示用户权限不足
步骤十三		用户权限为超级管理员	显示撤销成功	显示撤销成功
步骤十四	在搜索框输入刚刚提交的应急信息名称	单击"搜索"按钮	提示未找到相关信息	提示未找到相关信息

由以上测试用例可以看出,应急管理模块达到了需求与设计中的功能预期。